人生很短，
别在错过中
一错再错

幸福的秘诀就是学会珍惜

陈立之 / 著

江西人民出版社
Jiangxi People's Publishing House
全国百佳出版社

图书在版编目（CIP）数据

人生很短，别在错过中一错再错 / 陈立之著. 一南

昌：江西人民出版社，2015.7

ISBN 978-7-210-07591-2

Ⅰ．①人… Ⅱ．①陈… Ⅲ．①人生哲学－通俗读物

Ⅳ．①B821-49

中国版本图书馆CIP数据核字(2015)第167525号

人生很短，别在错过中一错再错

陈立之 / 著

责任编辑 / 王华　蒋波

出版发行 / 江西人民出版社

印刷 / 廊坊市华北石油华星印务有限公司

版次 / 2016年1月第1版

2016年1月第1次印刷

880毫米×1280毫米　1/32　9.375印张

字数 / 210千字

ISBN 978-7-210-07591-2

定价 / 32.80元

赣版权登字-01-2015-565

前 言

　　追随着时光的脚步，奔波在人生的旅途，穿梭于汹涌的人流，我们期望事业有成、出人头地；我们不停地向着自己梦想中的前方奔跑，为着自己渴望中的幸福打拼。

　　因为脚步匆忙，我们忘记叩问自己的内心；因为追逐名利，我们忽略了自己最珍贵的东西；因为羡慕他人，我们忽视了我们自己所拥有的；因为疯狂工作，我们漠视了自己的健康；因为期望明天，我们忘却了今天的时光……

　　长久以来，我们的内心涌动着欲望和躁动，充满了对财富与成功的渴求，却从来没有仔细地审视自己所拥有的一切。正是这种贪婪的心理把那些感受美好事物的心灵给遮蔽了，让我们忘记了上苍所给予自己的种种恩赐，并总是对未来充满期待而忽略了对今天的一切。

　　生命有许多不能承受之重，当你向着生命的天平一边不断添加欲望的砝码时，生命的天平就会严重失衡，最终倾斜翻覆。人们的欲望是无穷的，如果总想多得一些，结果往往不自觉地连自己所拥有的一切也丢失了。我们一边享受着所谓的"幸福"，一边又用舌头舔着自己的痛苦。

　　一位朋友曾问过亚洲首富李嘉诚这样一个问题，如果人生可以重新来过，你会希望什么是你绝对不能错过的？他的回答多少让人感到有点遗憾，他最大的愿望竟然是：能和一家人安安静静地沿着河岸散步！幸福，不在于财富的多少，不在于喧嚣的浮华，而在于平淡的生活，在于内心的平静！

幸福绝大多数是简单而朴素的。贫困中香气扑鼻的一碗面条，患难中心心相印的一个眼神，慈爱父母的一次不经意抚摸，至交朋友送来的一声真诚问候，旅途路人的一个温馨微笑……

我们穷尽一切努力去追求幸福，却总感到幸福遥不可及。其实幸福就在我们身边，只是我们不懂得去发现、不懂得去体会、不懂得去珍惜。幸福几乎天天都在，俯拾皆是。在寻找幸福的路途中，我们缺少的是对幸福的真正理解。阳光雨露，鸟语花香，对每一个人都公平给予；烦恼忧伤，欢乐喜悦，却属于每个人私有。生命，总是美丽的。不是苦恼太多，只是我们不懂得把握幸福。

幸福是一种感觉，你感觉到了，便是拥有。因为抓住了，所以拥有着；因为拥有了，所以幸福着；因为幸福了，所以珍惜着。拥有并懂得珍惜，这样，在爱与恨、得与失、悲与伤之间，就有了一条宽敞的路。

人生短暂，生命存在时要懂得珍惜，不要等生命走到尽头时才倍加珍惜。人生与浩瀚的历史长河相比，可谓短暂的一瞬。权势是过眼云烟，金钱乃身外之物，我们应当只为活着而认真地活着。看山神静，观海心阔，达到善待人生的最高境界，才能真正快乐地拥有、享受幸福人生。

作为繁忙的现代人，你有多久没有躺卧在草地上，凝望苍穹，望天空云卷云舒，看夜空繁星闪烁了？你有多久没有亲近大地，观草木荣衰了？你有多久没有陪家人朋友共享一顿丰盛的烛光晚餐了？不要因为今天的痛苦就否定明天的幸福，不要因为微小的成功而迷失了方向，不要因为眼前的风雨而否定明天的阳光，也不要因为错过了太阳而哭泣，否则我们会接着错过美丽的星星!

　　本书是一部献给所有渴望幸福、追求幸福而又时时为生活所困惑的现代人的幸福枕边书,以清新细腻的语言、深刻的哲理引导、启迪人们走出幸福的误区,珍惜身边的幸福,迈向幸福的殿堂。它似一缕阳光,驱散你心头的阴霾,带给你幸福的光辉;它似一丝春风,温暖寒冷的心房,带给你幸福的温馨;它如一泓清泉,滋润你贫瘠的心田,带给你幸福的甘霖……

　　人生路上,不妨停下匆匆的脚步,欣赏沿途的风景,珍惜身边的幸福。珍惜平凡,珍惜点滴,珍惜每一次缘分,珍惜每一寸时光,珍惜你所拥有的一切,你就是最幸福的人。因为,幸福的秘诀在于珍惜!

人　生　很　短　，　别　在　错　过　中　一　错　再　错

目 录
Contents

PART3　如果你为错过太阳而流泪，那么也将错过星星

PART4　世界残酷待你，你要温柔待自己

PART5　幸福就是做自己，走自己的路看自己的景

PART6　因为简单所以幸福，把平常日子过成一首诗

PART9 珍惜眼前人,弱水三千只取一瓢饮

PART 10 亲情如歌,珍惜生命中的每一个亲情音符

PART11　感恩惜福，感恩的心是人生幸福的源泉

PART12　慢下来，在静美的世界聆听幸福的声音

PART 1

生命只有一次，珍爱生命品味幸福

　　自然赋予我们人生旅途的时间，在岁月长河中仅仅是弹指一挥的瞬间。既然是瞬间，那么我们就要好好把握，珍爱自己，珍惜生命。

　　人生短暂，生命存在时要懂得珍惜，不要当生命走到尽头时才倍加珍惜。想要享受人生，必须善待生命。

　　生命美好珍贵，人生绚丽多彩，请珍惜生命，享受幸福！

♥ 珍惜生命，感受幸福

活着应该珍惜和感到幸福

有人向一位算命很准的老道询问来年的运事如何。老道说："你明年会交大好运。"那人特别高兴地回去了，回家就开始等着自己大好运的到来。等啊，等啊，从1月等到12月，也没有等来好运。等到除夕那天他高兴极了，心想今天可是一年的最后一天了，肯定能交好运，可是这一天仍然什么好事也没有发生。

这个人沉不住气了，初一的一大早就去找那位道士理论。道士一看见他就笑着问："你怎么答谢我？"那人生气地说："你不是说我去年能交大好运吗？怎么什么好运也没有啊？害的我苦等了1年！"老道慢条斯理地说："你这不是已经交了大好运了吗？""大好运在哪儿？我不还是这么穷，这一年我连1文钱都没拣到。"老道淡淡一笑说："你想想这1年里有多少人死于非命，有多少人妻离子散，又有多少人家破人亡，还有多少人遭受着生离死别的痛苦？而你不还是好好的活着，子女孝顺、夫妻恩爱吗？难道这不是最大的好运吗？"

老道的一番话虽然有自圆其说的嫌疑，但是"活着就是幸运"的道理却是千真万确的。人的生命就好像"1"，其他的诸如职位、财富这些东西就是"1"后面的"0"，只有活着这个"1"存在了，后面那一连串的"0"才有意义。能够平安地活在这个世界上，都应该珍惜和感到幸福。

人生最大的财富是自己的生命

中国人常用"五福临门"来祝贺他人，这五福的内容是：第一福"长寿"，命不夭折且福寿绵长；第二福"富贵"，钱财富足且地位尊贵；第三福"康宁"，身体健康且心灵安宁；第四福"好德"，生性仁善且宽厚宁静；第五福"善终"，命终时，没有遭到横祸，身体没有病痛，心里没有牵挂和烦恼，安详地离开人间。

为什么"长寿"被视为五福之首，是人生最大的福气呢？因为只有活着，你才能欣赏这世界万象，观赏这世间百态，死了就再也办不到了。

人生最大的财富是健康长寿，道理人人都懂，但要真正做到，却不是件容易的事。古今中外的芸芸众生，或为名所惑，或为利所动，或为官而奔波，或为爱情而苦恼，却不知人生最大的财富就是自己的生命。

有个年轻人觉得自己的人生太悲惨、太沉重了，他忍受不住了，就跑到一座山顶上，准备跳下去。一位守山老人听了年轻人的哭诉，对他说："你说你的人生太悲惨，不妨仔细说来，看看咱俩到底谁更悲惨。"

年轻人说："我从小没有母亲，父亲从不管我，我没有考上大学，到现在还没找到工作。因为没有钱，女朋友也和我分手了，现在我无依无靠，租的房子也到期了……我这样还不够悲惨吗？"

"年轻人，你的人生多么幸福啊！"老人听了哈哈大笑起来，然后接着说："你从小没有母亲，我连自己的父母是谁都不知道；你没有考上大学，我幼儿园都没去过；你和女朋友分手了，可我始终独身一人；你还有钱租房子，我只能住在山洞里……你说，我们两个到底谁更悲惨？"年轻人很惊讶地说："想不到还有比我更悲惨的人，如果我换作是你还不如死了算了。"

老人又笑了："如果大家都像你这样想，人类早就死光了。"年轻人不解地问："你的遭遇如此悲惨，为什么还那么开心呢？""因为还有比我更悲惨的人。因为我还活着。"年轻人听了老人最后一句话，恍然大悟，打消了轻生的念头。

人的生命只有一次，所以一定要珍惜，千万别做寻短见的蠢事。既然连死都不怕，还怕活着吗？"月有阴晴圆缺，人有悲欢离合"，也许你正经历着不幸，正处于无比的痛苦之中，但你在不幸之中还是万幸的，因为你还活着。没错，活着就是幸福；活着，一切皆有可能。

♡ 你最珍贵的幸福，就是生命

不懂珍惜生命，就不懂得什么是幸福

北极熊，不仅是世界上体积最大的动物之一，而且也是世界上最凶猛的动物之一。北极熊其爪宛如铁钩、牙齿锋利无比，它的前掌一扑，可以使人头颅粉碎，可谓力大无穷。在北极圈里，他几乎没有什么天敌，人们将他称为北极之王，但是聪明的爱斯基摩人，却可不费吹灰之力逮捕它……

北极熊有一个特性：嗜血如命。这就足以要了它的性命。

上帝给予了爱斯基摩人异样的严寒，同时也赐予了爱斯基摩人超常的智慧！通常他们杀一只海豹，把它的血倒进一个水桶里，将一把锋利的双刃匕首插在血液中央，寒冷的气温使海豹的血立即地凝固，匕首就牢牢的结在血中间，看起来就像一个超大型的棒冰。爱斯基摩人将艳丽的"棒冰"丢在雪原上，用不着等很久，一只庞大的北极熊就会成为他们的囊中之物。

北极熊的鼻子特别的灵，几公里之外就会嗅到血腥味。当它闻到爱斯基摩人丢在雪地上的血棒冰的气味时，就会风风火火地赶到，并开始贪婪地舔食。舔着、舔着，舌头慢慢麻痹；渐渐地，它舔到棒冰的中央部分，里面隐藏的匕首扎破了它的舌头，血冒出来。几乎僵硬的舌头，丝毫不会影响到北极熊的嗅觉。血的味道渐渐地变好了——那是更新鲜的血，温热的血。此时的它根本不愿意也不可能放弃这样的美食。北

极熊加紧了舔食，近乎疯狂地舔食。舌头伤得越来越深，血流得越来越多，这些始终没有阻止到北极王的残酷行动，大量的血咕咕地流到了它的喉咙里。刺骨的寒风吹过雪原，北极熊感到渐渐有些体力不支，但是它还是停不下自己不断蠕动的舌头……最后的结果是北极熊失血过多，休克晕厥过去，爱斯基摩人则会从容地走过去，几乎不必花费更多的力气，就轻松地捕获了它。只是北极熊眼角的泪珠，引发了人们世世代代的思考。

在我们的生命中，在我们追求幸福的过程里，我们也很可能扮演的是一只北极熊的角色。面对这样一个激烈竞争的时代，快节奏、高效率，脚步匆匆、忙忙碌碌，打拼玩命……成了现代人生活的真实写照。

生命中最珍贵的幸福

一位朋友曾问过亚洲首富李嘉诚这样一个问题，如果人生可以重新来过，你会希望什么是你绝对不能错过的？他的回答多少让人感到有点遗憾，他最大的愿望竟然是：能和一家人安安静静地沿着河岸散步！朋友，听了这位亿万富翁的话，你的心情如何呢？

在事业高峰时，不少人因压力太大，忽然心肌梗塞，失去生命，有人忽然中风，失去行动能力与健康，有人某一天忽然发现原本深爱他的妻子却毅然地离他而去……

面对这似乎司空见惯的事实，你可能会不屑一顾，可是你是否静下来好好想过，这其中难道折射不出那只北极熊沧桑的影子吗？一边舔着自己的血，一边享受着所谓的幸福。

人生本来只有一次，过去了就永远不再回来。请不要再当北极熊了，以生命为代价的事业，很可能最后赚的是整个世界，但却失去了你最珍贵的幸福，甚至是生命！

♡ 幸福的真谛在于善待生命

想要享受人生，必须善待生命

有一个被父母遗弃的男孩，从小生活在孤儿院里。他常常因为自己的不幸而感到悲伤。他每次见到院长便会苦闷地问道同一个问题："像我这样没有人要的孩子，活着究竟有什么意思呢？"

院长总是笑而不答。

有一天，院长交给男孩一块石头，说："明天早上，你拿这块石头到市场去卖，但不是真卖，记住，无论别人出多少钱，都绝对不能卖。"

第二天，男孩带着石头来到了市场。他感到莫名其妙，院长交给自己的石头，很普通，甚至有点丑陋，他觉得只有傻子才会买到它。男孩郁闷地蹲在市场一个不起眼的角落里，然而让男孩感到意外的是有好多人要向他买那块石头，更奇怪的是，在他的一再拒绝下石头的价钱越涨越高。回到院里，男孩兴奋地把这一消息告诉给了院长，院长笑了笑，没说什么，只是要他明天将石头拿到黄金市场去卖。

在黄金市场，男孩几乎压抑不住激动的心情，竟有人出比昨天高10倍的价钱买那块石头。当他把这一好消息再次告诉院长时，院长还是笑笑，并不作答。他让男孩明天把石头再拿到宝石市场上去展示。结果，石头的身价较昨天又涨了10倍，男孩没有忘记院长的叮嘱，无论人们出多高的价，他都不会将石头卖出去。这样一来，前来围观的人们越聚越多，慢慢地被人们传来传去，石头竟然变成了"稀世珍宝"。

男孩地捧着石头像捧着星星一样，兴冲冲地回到孤儿院，将发生的一切禀报给院长。院长摸着男孩的头发，徐徐说道："生命的价值就像这块石头一样，在不同的环境下就会有不同的意义。一块不起眼的石头，由于你的惜售而提升了它的价值，被说成稀世珍宝。同样道理，一条普通的生命如果你用心去珍惜，生命就有意义，有价值。"

珍惜自己，珍惜生命，珍惜人生

当一个人的生活过得没意思时，他就会不懂得珍惜自己，不懂得珍惜生命。男孩作为一个孤儿，他没有得到过父母的疼爱，所以他才会觉得活得没意思，他才会觉得自己在这个世界上是多么的虚无飘渺。但事实不是这样，对男孩来说正是因为没有人来疼爱他，他就应该更珍惜自己，有一句话是这样说的：靠别人还不如靠自己。没人爱并不代表就必须自我堕落、自我毁灭。

在这个世界上，我们还是要比男孩幸运一些。最起码，当我们陷入回忆时，常常会想起其实有许多爱我们的人，他们为我们的歌而歌，为我们的泣而泣，喜怒哀乐同我们一同感爱。在这个世界上也有许多我们爱的人，我们愿意与他们分担一切，哪怕是他们的痛苦。

千万不要以为人生还长着呢。岁月长河中自然赋予我们人生旅途的时间，在岁月长河中仅仅是弹指一挥的瞬间。既然是瞬间，那就要好好把握，珍爱自己，珍惜生命。

人生短暂，生命存在时要懂得珍惜，不要等生命走到尽头时才倍加珍惜。人生与浩瀚的历史长河相比，可谓短暂的一瞬。权势是过眼云烟，金钱乃身外之物，我们应当只为活着而认真地活着。看山神静，观海心阔，达到善待人生的最高境界，才能真正快乐地享受每一天。

♡ 创造幸福，让生命更加充实

幸福要靠自己创造

幸福是人人都追求的一种精神享受，谁不希望自己心情幸福、谁不希冀自己过得幸福美好呢？然而要获得幸福，我看必须自己学会创造幸福，因为幸福与否的感觉是操纵在每个人自己手中的。

创造幸福要学会放弃。放弃对名利的欲望，放弃对"平衡"的偏见，放弃那些影响你心境的东西，放弃不切合实际的希望。你就会发现一个真真的自我。古人说，"欲甚生烦""欲炽则身亡"。

创造幸福要学会"感激"，因为感激之情能打开你与心灵深处的沟通之道，人有了感激就有了幸福。比如，感激生活，感激父母的培养，感激老师的教育，感激战友的帮助，感激部队的培养……心存感激，能给对方和自己带来一分温馨，构成一种贴心的感觉，进而获得良好的心境。

创造幸福要凡事朝好的方向想。有些想不开的人，在烦恼袭来时，总觉得自己是天底下最不幸的人，谁都比自己强。其实，事情并不完全是这样，也许你在某方面是不幸的，在其他方面依然很幸运。请记住一句风趣的话："我在遇到没有双足的人之前，一直为自己没有鞋穿而感到不幸。"生活就是这样捉弄人，但又充满着幽默之味，想到这些，你也许会感到轻松和愉快。

创造幸福就不把眼睛盯在"伤口"上。如果某些烦恼的事已经发生，你就应正视它，并努力寻找解决的办法。如果这件事已经过去，那就抛弃它，不要把它留在记忆里，尤其是别人对你的不友好态度，千万不要念念不忘，更不要说："我总是被人曲解和欺负。"

创造幸福要学会欣赏。提前完成了工作任务；看了一本好书；看了一场好电影；看了一次美丽的日出；与朋友吃一顿愉快的晚饭；买了一件漂亮时装；受到老师的表扬或同学的赞扬……记住这些好事、幸福的事，时常温习这些好事、幸福的事，幸福的细胞就会在全身流动，你就会自己欣赏自己。

用心体会，用心创造，则幸福无处不在

如果生命的大奖落到你头上，务必心怀感激。但即使它们与你失之交臂，也无需嗟叹。尽情去享受生命的小奖吧！昨日的英雄只是今日的尘土，生命的大奖只是雪泥鸿爪，瞬间消逝，但是那些小小的喜悦却是日常生活中俯拾即是，无虞匮乏的。人生的大喜毕竟少有，可是只要你睁大眼睛，或用心灵体会，到处都可以发现，那些小小的喜悦。

人活着就是为了生活更快乐，更幸福，而幸福的生活要自己努力争取来的。人为了追求自己的幸福，他就有了为之奋斗的欲望。在奋斗中寻找乐趣，让单调生活的充满生趣，使自己无忧无虑，身心健康，平和安逸，快快乐乐过好每一天。

不管怎样，学会了创造幸福，你身上就会充溢着幸福的细胞，每天晚上都定能安安稳稳地睡觉，每天早晨都能兴致勃勃地迎接又一个平凡而充实的日子，生活中就会永远充满着灿烂的阳光。

创造幸福是一种积极的人生态度，也是一种人生艺术。寻找乐趣，创造幸福，让单调乏味的生活充满生趣，使自己无忧无虑，身心健康，生活和平而安逸，快快乐乐过好每一天。

♡ 点燃生命的火炬，激发幸福的能量

可以没有财富，但不能没有热情

每天走在上班下班的人潮中，面对拥挤的人流，徒生感慨：日复一日重复着同样枯燥的事情，面对索然无味的工作及生活，生命是否平淡得略显苍白了？长此以往，生命的意义何在呢？生命何时才有激情可言呢？

艾青曾说过这样一段话："假如人生仅是匆匆过客，在世界上彷徨一些时日。假如活着只求一身的温饱，和一些人打招呼、道安。不曾领悟什么，也不曾启示过什么。没有受人毁谤，也没有诋骂过人。对所看见的、所听见的、所触到的，没有发表一点意见。临死了，对永不回来的世界，没有遗言。能不感到空虚的悲哀吗？"的确，这种人生才是真正悲哀的人生，这种生命，不来也罢！

车尔尼雪夫斯基说过："生活只在平淡无味的人看来才是空虚而平淡无味的。"贤者说得好，或许我辈正是如此吧！在日复一日的忙碌中，我们忘记了给生命点燃一份热情，以致把重复的事情看得索然无味，把吃饭、工作看成是一种负担。实际上，热情对于生命来说，是极其重要的。生活是船，热情便是帆。你可以没有金钱，但你不能没有精神；你可以没有权势，但你不能没有生活的热情。热情是世界上最大的财富，它的潜在价值远远超过金钱及权势。

热情是幸福人生的能量源泉

生活是美好的，生活的三棱镜折射出的七彩阳光更是美丽耀人的。让我们投入到生活的洪流之中，点燃生命的热情，这样，我们就会拥有一种充实的生活态度。我们就不会再把生活中的付出当做辛劳，相反，我们会忘记生活的艰辛，用旺盛的精力、充分的耐心和良好的状态去迎接每天的工作。时光飞逝，热情不减，有了这样的生活信念，抱定这样的生活态度，一切都将变得无比幸福美好！

王蒙的《青春万岁》写得很美，让我们一同欣赏激动人心的诗句：

所有的日子，所有的日子都来吧

让我们编织你们，用青春的金线

和幸福的璎珞，编织你们

……

是单纯的日子，也多变的日子

浩大的世界，样样叫我们惊奇

从来都兴高采烈，从来不冷漠

眼泪、欢笑、深思，全是第一次

……

无论生命的旅程是一帆风顺，还是充满磨难，都请拿出热情来点燃生命的航程。在风平浪静时，从容地打点生活；在浊浪排空时，豁达地欣赏自我的生命的力量。

♡ 活着，就是人生最大的幸福

生命的幸福与肢体残缺无关

生活中，只有那些残缺的人才更加珍惜生命，更加珍惜自由。

然而，那些耳聪目明、行动敏捷的正常人却从来不好好地去利用他们所拥有的那些天赋。事情往往就是这样，只有失去了的东西，人们才会留恋它，只有对不曾拥有的东西，人们才会倍加的渴望。

杰米·杜兰特是20世纪的伟大艺人之一。他曾被邀参加一场慰问第二次世界大战退伍军人的演讲，但他告诉邀请单位自己行程很紧，连几分钟也抽不出来，不过假如让他作一段独白，然后马上离开赶赴另一场演讲的话，他愿意参加，安排演讲的负责人欣然同意。

当杰米走到台上，有趣的事发生了。他做完了独白，并没有立刻离开，掌声愈来愈响，他没有离去。他连续演讲了15分钟、20分钟、30分钟，最后，终于鞠躬下台，后台的人拦住他问道："我以为你只讲几分钟哩！怎么回事？"

杰米回答："我本打算离开，但我可以让你明白我为何留下，你自己看看第一排的观众便会明白。"

第一排坐着两个士兵，两人均在战争中失去一只手。一个人失去左手，另一个则失去右手。他们正在一起鼓掌，而且拍得又开心，又响亮。

读完这则故事，你会有一种心灵上的震撼。在失去了手的士兵身上，体现了一种对自己的热爱以及对生命的珍惜。这都来自于他们对生命的感激。

感激生命，活着就是最大的幸福

作为自然界的一部分，我们的生命每时每刻都在遭遇着内部的变异和外界的干扰，小至各样的病痛，大到形形色色的灾害和意外。

那么，如果我们还活着，如果我们还不是特别地穷困潦倒，如果我们还有健全的四肢，我们有什么理由不对生命充满感激呢？

当一个人对自己的生命充满了发自内心的感激时，他所散发出来的魅力能让世界上所有的人都感动。

那些身体残缺的人都快乐洒脱地活着，作为身体健全的我们，还有什么理由不对生命充满感激呢？

♡ 思考生命的意义，拓展生命的宽度

当生命变得可数……

6年前，康以优异的成绩考上了一所重点大学，康准备大学毕业后，去外国留学；还希望能谈一场轰轰烈烈的恋爱……

去年准备考研究生期间，康明显感到自己体力下降，以前跑步时能一口气跑出5000米；现在才跑了几百米，就气喘吁吁地上气不接下气了……

康在教室突然晕倒。在医院里，康被确诊为慢性白血病，而且除非奇迹出现，否则所剩时间不会超过5年。

唯一的希望就是进行骨髓移植。但医生说，兄弟姐妹的匹配率是四分之一，父亲母亲的匹配率是千分之一，至于外人，可能性更小。

骨髓鉴定之后，父母的可能性首先被排除；希望较大的弟弟连夜从上海赶到北京，但同样不符的结果再一次把康推入了绝望的深渊。

康第一次感到死亡离自己是那样的近，甚至第一次听到了死亡急匆匆的脚步声。康感到前所未有的阴郁、难受、绝望。如果没有白血病，25岁的康是幸运的。父亲是国家机关的干部，母亲是位教师，加上一个弟弟，全家人的生活过得平静而又温馨。可是，现在康孤单地躺在病房里，一边想着自己的理想和还未来到的爱情，一边安静地等待着死亡的临近。

以前，康和所有人一样，总认为过日子就是理所当然地朝前走，生命就像一列看不到终点的列车，引擎高歌，向前奔跑着。未来有大把大把的光阴，可以慷慨地让自己享受生活。但是，此时的他却真的不知道何去何从。

死亡，开始让康变得更加热爱思考，更加热爱思考生命的意义。

父母亲也仿佛一夜间老了几十岁。没有什么事情比孩子生命的行将就逝带给双亲的打击更沉重的了。父亲和母亲都辞掉了工作，专心地守护着病中的康。坚强的父亲经常整夜未眠地陪伴着，让疼痛中的康可以握紧自己苍老而有力的手。

在不断的治疗过程中，康对自己的病情有了更深入的了解。由于国内的骨髓资源实在太少，许多白血病患者因为没能及时进行骨髓移植，正眼睁睁地等待着死亡的逼近。

康突然想：我为什么不能发动更多的人行动起来，来充实国家的骨髓库，来挽救更多不幸的患者呢？想到这里，康的整个心灵被激情的光辉照耀着，并感觉到活下去的勇气和意义。

康开始为自己的计划而忙碌。他一再拒绝了父母给自己买滋补品，他希望他们能给他带来更多的医学书籍。通过学习，他了解到捐献骨髓不会给捐献者带来较大的伤害，人们的不支持只是来源于对相关医学知识的不了解和不熟悉。康决定用自己可数的生命去召唤更多有爱心的人。康开始给最熟悉的同学打电话。被深深感动的好朋友，都成了计划的支持者。碰到陌生人，康就不失时机地游说他们加入到捐助队伍中来。许多人因此而感动，不到一个月就有70多名捐献骨髓的人勇敢地做出了行动……

让有限的生命变得充实丰盈

面对死亡的逼问，人们才领会到了生命的本质。在死亡面前，生命的平庸和蝇头小利的欲望才会变得黯然失色。人生最宝贵的是生命，生命对于我们每个人来说都只有一次，珍爱自己，珍惜生命，就是对生活负责，对爱我们的人的最大安慰！

如今的社会中，有许多青少年因为男女朋友的抛弃而想不开，这种做法太不值得了，就算别人不要你了，你还有亲人朋友，最少你还有自己，至少你还有一条鲜活的生命。

哪一个人的一生不是三灾八难的？又有多少天灾人祸是我们无法预料的？当灾难真的来临时，恐慌与萎靡都不是智者的选择，所能做的就是认真过好剩下的每一秒，积极做些对他人、对社会有益的事，让有限的生命变得充实丰盈。

我们不能拓展生命的长度，但可以拓展生命的宽度。尽己所能，帮助他人，关注人生，为社会奉献一片爱心，让生命发散更多的能量，这样你的生命就会变得丰厚、灿烂、幸福！

♡ 幸福人生，生命可以更艺术些

推开你人生的喜剧之门

人生是一种艺术，是一种有着喜、怒、哀、乐的舞台表演。每个人在自己的人生大舞台上扮演何种角色，完全由自己选择。选择什么样的角色，便会有什么样的生活。

英国女作家奥斯汀曾经说过："人生在世，还不是有时笑笑人家，有时给人家笑笑！"如果你对生活微笑，那么快乐便会成为你生活的格调，你的生命中便会充满幸福，你会感到生活的美好。生命的艺术在于取悦于人，在于令人赏心悦目，生命的意义和目的在于快乐幸福。人类存在的总目标就是追求快乐和避免痛苦。

生命的艺术舞台只有喜剧和悲剧两种剧场，如果你选择喜剧，恭喜你，你将赢得人生的大奖；如果你选择悲剧，对不起，你将过早地被逐出艺术的殿堂。

如果你选择喜剧，你就要笑面人生，即使生活中困难再多，压力再大，也要以笑脸相待，而不能稍有不顺便拉长脸，眉头紧皱。当然，生活在这样一种嘈杂、苦恼的时代，人时常会因生存的压力而感到沮丧和低沉，即便是如此，悲观失望又有什么用呢？只能搞坏自己的心情，于事却是无补。

演好自己的生命大戏

生命中不应有太多的悲观，幸福快乐应该成为人生的主题。即使无法做到一生辉煌，也要想办法天天精彩，天天有个好心情。只要以积极的人生态度面对生活，你就能做到这一切。写一幅画，种一株花，完成一项伟大的任务，一个快乐的休闲假日，都会让你感到人生的美丽。一切生命艺术舞台的道具，都掌握在自己手中，放在自己心里，只等着你去选择。

生命的艺术有精彩也平凡，如同上演的一幕幕戏剧，有的能赢得阵阵掌声，有的却是无人喝彩。有些人生的大戏即将谢幕，他们再也不能横刀立马，失去了往日的辉煌，但不让一日闲过的好心情，让他们照样活得生趣盎然，他们的人生大戏照样精彩。

拿破仑说："每个人都要学习专心致志于自己的生活，以期待在自己的人生沙滩上留下足迹。"选好了人生的角色，我们就应该认真、专心地去演好，应该认认真真做人，开开心心生活。认真做人，可以帮助我们解决生活上的难题，让我们不会虚掷光阴。开心生活，可以让我们不虚此行。

生活本身是一场大戏，做人也是一门艺术，专心做人，不教一日闲过，才能开心生活；幸福度过每一天，人生才会充满灿烂阳光，鸟语花香。

♡ 人之幸福在于心之幸福

幸福是一种心灵的感觉

一个人幸福不幸福，在本质上和财富、地位、权力没有关系。幸福由思想、心态决定，心可以造天堂，也可以造地狱。

一个收废品的男人骑着一辆三轮车，车上装满了破烂，今天他的成绩不菲。车上坐着一个女人，面向这个男人。两个人谈笑风生，脸上洋溢着喜悦，估计内心充满幸福。那种幸福的感觉如同一个男人开着奔驰旁边坐着自己的女友。

比较一下，是三轮车上的两个人幸福还是奔驰里面的人幸福呢？可以说，他们的幸福感至少是一样的，甚至收废品的有可能满足感更高，因为他们的要求不高。

幸福是一种心灵的感觉。在某一刹那，心中的某一根隐秘的弦忽然被牵动，泛出圈圈甜美的满足感，那便是幸福。

幸福关乎心情，无关金钱

人生快乐也是一辈子，痛苦也是一辈子，那我们为什么不让自己活得快乐、乐观、幸福一点儿呢？

生活中，人总是在追求最大的幸福，具体地说，是不断地提高自己的物质生活水平。

然而，太多的时候，生活并不是一帆风顺，事事如意。王子和公主的浪漫和幸福只是写在童话里的，那只是人们对美好生活的一种向往。

大部分人误以为金钱是幸福的象征。也许我们现在也正羡慕着别人的洋房、洋车以及手里大把大把的钞票。但太多的例子证明，钱并不能使人感到最大程度的幸福。我们可以用钱买来舒适的床铺，但买不来良好的睡眠。我们可以用钱买来高档的化妆品，但我们买不来美丽。我们可以用钱买来漂亮的房子，但我们买不来幸福的家。我们可以用钱买来昂贵的保健品，但买不来健康。

因此，我们无法用金钱买来幸福，幸福不是写在我们脸上的，而是自己从心底感觉到的。

心境快乐幸福，则一生快乐幸福

幸福是一种感觉，它就藏匿在我们生活的空间中，是生活点点滴滴的汇聚。因此，每个人如果都知道乐观积极的态度可以使我们拥有幸福、希望、勇气和力量的话，就应该努力获取我们真正想要得到的东西。

幸福在于心境。如果每天看到、想到的都是生活中的负面因素，又怎么能够快乐起来呢？只要事事都能退一步想，就能为自己营造出宽松的心境，就能活得开心，活得潇洒，活得快乐。

正所谓：

日出东海落西山，愁也一天，喜也一天。

遇事不钻牛角尖，身也舒坦，心也舒坦。

人生是短暂的，如烟花般短暂炫目，转瞬即逝。快快乐乐是一辈子，愁眉苦脸的生活也要我们慢慢走过，那我们为什么不让自己活得轻松而又快乐呢？当我们选择了轻松快乐，就会觉得整个世界乃至整个宇宙都在幸福快乐的笼罩之中。

人 生 很 短 ， 别 在 错 过 中 一 错 再 错

PART 2

走出忧虑仰望幸福：让幸福来敲门

生活是一种选择，你选择什么，你就得到什么。

幸福是一种心态，你缔造阳光，幸福就会光顾你。

一个人幸福与否，取决于自己的内心，幸福来自于一个人内心的满足。

你觉得幸福就是幸福，觉得不幸福就是不幸福，幸福就是我们内心的感受。

积极、乐观、自信、健康、豁达、充满关爱的心态，是幸福的钥匙和保证。

远离焦虑、忧郁、悲伤等负面情绪，拥有阳光心态，幸福就会来敲门。

♡ 幸福无关其他，而关乎态度

幸福是时刻存在的，只要用心品味

早晨睁眼看到美丽的朝阳，鼻子嗅到清新的空气。感受到早晨的美好，那么我们是幸福的。在公司里出色完成任务，受到老板表扬，赢得同事们的尊重，那么我们是幸福的。下班回家，看到桌子上香甜可口的饭菜和孩子优秀的成绩单，那么我们是幸福的。晚饭后陪同爱人和可爱的孩子在公园中散步，享受天伦之乐，那么我们是幸福的。生活中令我们幸福的事很多，只要我们细心观察，用心体味，就会发现有许多乐趣包含其中。我们也许会说这些小事何以成为人人渴望的幸福。难道幸福一定是雍容华贵、惊天动地吗？在中国著名作家毕淑敏所写的《提醒幸福》中有这样一段话可以很好地诠释幸福："幸福绝大多数是朴素的，它不会像信号弹似的，在很高的天空闪烁红色的光芒。它披着本色的外衣，亲切温暖地包裹起我们。"

幸福出现的频率并不像我们想象的那样少。人们常常只是在幸福的马车已经驶过去很远时，拣起地上的金鬃毛说，原来我见过它。幸福是时刻存在的，只要用心品味，会发现它离我们并不远。

当一个小孩得到他盼望已久的洋娃娃时，这是幸福。当一位学生学习成绩十分优秀常受到人们的赞扬时，这是幸福。当一位白领工作一帆风顺时，这是幸福。当一个女人有了爱她的丈夫和听话的孩子时，这也是幸福。幸福的方式太多了，不胜枚举。

把握住幸福，自然就能享受到幸福

不同的人有着不同的幸福。对于那些容易满足的人来说得到的幸福便多些。对于那些有大的期盼的人来说总觉得自己不够幸福或者幸福根本就没有降临到他（她）的身上。其实幸福是个很简单的东西，准确地把握瞬间来到我们身边的暖流，这些就是幸福。幸福是蜜糖，最好甜淡适中，这样才能恰到好处。而且只有心中认为有幸福的存在才会使自己幸福。

常听身边的人抱怨命运的不公，生活的平淡；幸福对我们来说，似乎是一种太奢侈的东西，如同海市蜃楼一般，可望而不可及。有一享誉全球的大教育家苏霍姆林斯基讲了这样一个故事：曾在一个春天，他和他的学生们共同买了一条小木船，然后划到一个荒无人烟的小岛上去探险。教育家写道："可能有人会想，作者想借这些事例来炫耀自己特别关心孩子。不对，买船是出于我想给孩子们带来快乐，对于我就是最大的幸福。"其实幸福离我们很近。

发现幸福，才能感觉幸福；感觉幸福，才能把握幸福；把握幸福，生活才有滋味。生活有滋味，我们才能真正获得幸福。人们渴望幸福，却往往在幸福之中感受不到幸福，发现不了幸福，更把握不住幸福。"把握"似于"享受"，如果我们把握住幸福，自然就能享受到幸福。

幸福是一种态度，不是一种状态。是在清洗百叶窗时聆听一曲咏叹调，或愉快地花一小时清理壁橱。它出现在某一时刻，不是在"有一天……"的遥远诺言中。

我们如果爱上我们现在所有的日子，我们会幸福得多，而且会得到更多的幸福和快乐。幸福快乐是一种选择。它一出现就要伸手一取，它就像在蔚蓝天空中飘向海洋的气球一样。

💟 幸福不幸福由你自己来决定

幸福是做我们喜欢的事，是喜欢我们所做的事

英国哲学家罗素说："幸福的生活在很大程度上，必是一种宁静安逸的生活，因为只有在宁静的气氛中，真正的快乐幸福才能得以存在。"

试问，一个人尽管在外面获得安全，而他的心境常是忧惧恐慌的，其幸福又有几分呢？斯宾诺莎认为：一个人的幸福，即在于他能够保持他自己的存在。费尔巴哈也有类似的论述，他说，生命本身就是幸福。他认为幸福是生活的本性：所有一切属于生活的东西都属于幸福，因为生活和幸福原来就是一个东西。亚里士多德认为美德就是幸福。他说："行为所能达到的全部善的顶点又是什么呢？几乎大多数人都会同意这是幸福；不论是一般大众，还是个别出人头地的人物都说："善的生活，好的行为就是幸福。"

杜威则认为幸福只在于行为的不断成功，而不是道德行为所追求的最终目的。弗洛姆也有类似的看法，他认为幸福是一个人创造性心灵所带来的结果，是个人在思想上、情感上以及行为上的一切创造性活动所带来的喜悦。亚里士多德又认为能用理智来指导生活，就是最高的幸福。他认为，神的活动，那就是最高的幸福，也许只能是思辨活动，而与此同类的人的活动，也就是最大的幸福。卢梭也有类似的看法，认为狂热和激情都是短暂的，只是生命长河中的几个点，不能构成一种境界，幸福是一种境界。爱因斯坦认为，一种实际工作的职业就是一种最大的幸福。池田大作在与基辛格谈论人生时总是说，能够遇上给自己带来最大启发的人，就是人生最大的幸福。

幸福是不让交通、雨水、炎热、寒冷以及不得不排队等候等情况影响我们的心情。幸福是做我们喜欢的事，是喜欢我们所做的事，是生活中有很多希望，是永远祝福别人。幸福首先是个人的决定。每个清晨，当我们醒来的时候，我们都有机会选择让自己幸福还是不幸福地度过难忘的一天，或者只是又过一天而已。

幸福不幸福由你自己决定

不管是我们面对一项全新的事业，还是面对生活中出现的任何一种新的情况，人生道路上的每一个境遇都给了我们一个积极应对或消极应对的机会。正是我们选择的应对方式，决定了在事情结束后我们所感受到的幸福和不幸福的程度。

幸福是一种自我感受，一种心理状态，幸福是无形的。尽管劳动成果、艺术享受、爱情、婚姻、家庭、爱好、修养、经历、境遇等都能给人带来幸福感受，但没有一种相应的尺度可以衡量幸福。"物质幸福"是存在的，所以我们在努力建设"物质文明"。但是，纯粹物质享乐并不等于幸福，物质的多少并不一定带来相应的幸福的大小。金钱是存在的需要，金钱可以买得来刺激，甚至买得来"快乐"，但不一定买得来幸福。有钱难使精神贫乏不幸福的人推动幸福的磨盘。一切的喧嚣浮华至多是表面的快乐而不是真正的幸福。

但最重要的是，幸福是寻求和体验生活中的平衡。幸福是对生活的方方面面都有一个目标，并保证自己每天都朝着实现这个目标的方向前进。幸福是拥有个人和家庭目标，并让这些目标成为一项行动计划的一部分，努力使我们的生活保持平衡。

幸福更多的时候是一种心境，追求幸福，包含着人们对美好生活的企盼，更寄托着人们对人生境界的追求。不同的人有不同的志向和理想，体现了不同的信念追求和价值取向。"人活着是要有一点精神的"。人生的价值并不在于获取了多少、享受了多少，更多的时候在于为社会做了多少贡献、给他人带来多少福祉。因为只有这样，人类才能繁衍生息，社会才得以不断进步。否则，人人都去索取，都去为了个人的幸福而不顾他人的感受、甚至不择手段，人类社会就会灭亡。因此，那些为人民谋利益、谋幸福的人，本身也是最洒脱、最幸福的人。

　　幸福不是给别人看的，与别人怎样说无关，重要的是自己心中充满快乐的阳光，也就是说，幸福掌握在自己手中，而不是在别人眼中。幸福是一种感觉，这种感觉应该是愉快的，使人心情舒畅、甜蜜快乐。

♥ 幸福在你的心里，更在你的手中

幸福只在一念间

生活中人们的追求尽管千差万别，然而本质都是对幸福的追求，只不过对幸福的理解不同。有的人认为有钱就是幸福，他们追求金钱；有的人认为有权就是幸福，他们便追求权力；有的人认为平安是福，他们就追求平安……19世纪西班牙小说家瓦尔台斯在《第四种权力》中说："人是为了幸福被创造出来的。"幸福不歧视任何人，大多数人如果下定决心去过幸福生活，就一定能幸福。

是啊，幸福本来就是紧随生活的脚步，与生活相伴而生的，只不过我们没有仔细去体会罢了。如果我们的眼睛只盯着那些不好的方面，便会对幸福视而不见。如果试着改变一下自己的观察角度，或许就是另一个样子。

同样的天气，心态一转，忧愁就变成了幸福。其实，事情往往就是这样，感到不幸，是因为心态不正确，是因为我们排斥幸福，而不是事情本身带有不幸。如果抱着抵触情绪，即使幸福悄然降临身边，也会毫无觉察，与之失之交臂。

林肯说过："大部分的人，在决心要变得更幸福时，就会有那种幸福的感觉。"幸福是一种感觉，幸福的根源是我们的头脑，而不是口袋里所藏的东西。所以说，幸福只在一念间。

幸福，需要你随手做些力所能及的事

美国心理学家哈利·克塞克曾经提出感受幸福的9个步骤，值得我们借鉴：

第一，换一种心情看生活。把孩子的微笑当成珠宝，在帮助朋友中得到满意感，与好书里的人物共欢乐。

第二，控制时间。幸福的人确定大的目标，然后落实在每天的行动中。一天写300页书是件很难的事，然而每天写两页则非常容易办到。这样坚持150天，你就可以写成一本书，这个原则可应用于任何工作。

第三，增强积极情绪积累。消极的情绪使人沮丧，而积极的情绪催人奋进。幸福的人做的每一件事都是努力消除消极情绪的过程。

第四，优待身边的人。要学会很好地对待亲近的朋友、配偶。能够一下数出5个亲密朋友的人，比不能数出任何朋友的人更有幸福感。

第五，面带幸福感。实践表明真正面带幸福感的人，他们更感到幸福，经常欢笑更能在大脑中引起幸福的感觉。

第六，不要无所事事。不要把自己困在电视机前，要沉浸于能利于提高你技能的事情中。

第七，多参加室外活动是对付压力和焦虑的良药。对感到一定压力的大学生做的调查表明，经常在室外锻炼的学生情况要明显好于不参加者。

第八，好好休息。幸福的人精力充沛，但他们仍留出一定的时间睡眠和享受孤独。

第九，有信仰的人更幸福。有无信仰与幸福感的研究表明，有信仰的人比没有信仰的人更有幸福感。

记住该记住的，忘记该忘记的，改变能改变的，接受不能改变的。其实幸福只在一念间。

💝 打败情绪化这个幸福的杀手

你如果不能掌控情绪，就会被情绪掌控

上帝在造完人以后对人说：你是人，你是地球上惟一理性的动物，你用你的智慧统治万物，控制世界。但是没有告诉人如何统治人，如何管理自己的情绪，因此人管理动物很容易，而管理人和管理自己却很难。情感自治就是自己能够管理和左右自己的情绪，不让情绪像一匹脱缰的野马，拉着自己的身体这架马车狂奔。

自己管理自己的情绪叫自治，不能自治你将被治。自治是自由的，被治是不自由的。最大的幸福是自由，自己能够管理自己的情绪就能获得自由。

情绪化是成功的敌人、幸福的杀手

心理学家告诉我们，发脾气就等于在人类进步的阶梯上倒退了一步。是人就有情绪，每个人都有情绪不好和低落的时候，但不能迁怒于你周遭所有的人、事、物，让无辜的人为你的情绪"埋单"。而是要学会控制情绪，做到处乱不惊。另外，在现实生活中，每个人都难免被别人"扔包袱"，这时候，你需要用平和的心态看待你的待遇，不要让别人的"包袱"变成自己的"包袱"。

可见，情绪化行为，对于个人来说会成为个人心理发展的障碍，使人变得缺乏理智、不成熟，甚至成为后果不堪设想行为的起端。对于群

体来说，过多的情绪化行为，会妨碍人与人之间的融洽与和睦。对于社会来说，当人的情绪化行为成为一种倾向时，社会控制起来就比较难，甚至成为某个社会事件的起因，给社会造成重大的损失。

弱者任思绪控制行为，强者让行为控制思绪。在成功的路上，最大的敌人其实并不是缺少机会，或是资历浅薄，成功的最大敌人是缺乏对自己情绪的控制。愤怒时，不能制怒，使周围的合作者望而却步；消沉时，放纵自己的萎靡，把许多稍纵即逝的机会白白浪费。

走出情绪的泥沼，仰望自己的幸福

我们不能让情绪化坏了做事的心情，应该让自己拥有一个健康的心理，最终走出情绪泥沼，去仰望自己的幸福。

首先，要有正确的认知评价。有人追求豪宅靓车，有人只求把本职工作做好。追求什么，向往什么，自己心里有个谱，不要盲目攀比。虽然高薪是很多人梦寐以求的事，但不是每个人都会得到，得不到的何不让自己过得简单自在些，不要死死抱着"高薪快乐"的想法不放。

其次，要学会调节自己的情绪。不高兴了，转移注意力，散步、运动，或者把心里的苦闷跟家人朋友说出来。其实，很多人的抑郁是自己憋出来的。女性还可以时不时做做美容，打扮打扮，看到全新的漂亮的自己，心情也美了。良好的工作情绪是好业绩的催化剂，有了好情绪，工作效率也就会高。

第三，要善于解压。枯燥的工作给人一种压抑感，要合理安排工作时间，每天每周要完成多少件事，做到心中有数。不要让工作占据自己所有的时间，要学会享受生活，培养听音乐、阅读、垂钓等适合自己的兴趣爱好。生活环境的枯燥让人生活无味，可以适当出去旅游，邀请朋友聚会，或者帮助别人，在帮助别人的同时，自己也会得到一种成就感、满足感和心理愉悦感。

　　面对不良情绪，应该学会积极面对，塑造弹性性格以应对各种压力和环境的变化，并给自己预设阶段性的工作目标；此外，将工作和生活结合起来，多向家人、朋友倾诉自己的不安、紧张情绪和消极想法，将负面情绪宣泄出来，就能更好地释放自己的潜能，有效缓解这种"心灵的感冒"所带来的负面影响。

　　要想获得幸福感，你就必须学会控制自己的情绪，懂得调整自己的心态。

♡ 豁达，带你走向幸福的开阔地

豁达是战胜烦恼挫折的法宝

辛弃疾在一首词中写道："叹人生，不如意事，十之八九。"人一辈子免不了风风雨雨、沟沟坎坎，受一点委屈、遇一点挫折，就怨声载道、心灰意冷；有一点矛盾、一点冲突，就恩恩怨怨，甚至伺机报复，心里哪还有阳光？这样的人，注定不会有幸福和快乐。

豁达之人，宽宏大度，胸无芥蒂，吐纳百川。不怨天尤人，不愁肠百结，不消沉颓唐，不心灰意懒；想得开，放得下，能及时删除心中那些无关紧要的琐事，受纳包容而免去许多节外生枝的烦恼。契诃夫说："如果你的手指扎了根刺，你应当高兴：真好！幸亏这根刺不是扎在眼睛里。"这样，才能活一天，乐一天，心安气爽，神定意闲，让快乐幸福永驻心间。

豁达的人，是世间最幸福的人

豁达大度地看待不如意事，则不如意事给人带来的苦恼，就会顷刻间灰飞烟灭，让人很快恢复快乐安祥的心境。不仅如此，有这般豁达大度的襟怀，还会从不如意事中，找到幽默感，找到值得庆幸的感觉。

豁达是和谐的一种内在元素和外在表现。内心不豁达、身心难和谐，内心不和谐、表现难豁达。豁达之"豁"，就是宽敞、透亮，"达"即通达、畅快。内心宽敞、透亮、通达、畅快，"通则不痛"，身心必定健康，思想和行为必然和谐。

豁达的人更有着惊人的免疫力。尖刻、势利、贪婪、嫉妒几乎与他无缘。他更不会文过饰非，乃至于暗箭伤人。他光明磊落，是一个热爱别人也为别人所热爱的人。

豁达的人在遇到困境时，除了会本能地承认事实，摆脱自我纠缠之外，他还有一种趋乐避害的思维习惯。这种趋乐避害，不是为了功利，而是为了保持情绪与心境的明亮与稳定。这也恰似哲人所言："所谓幸福的人，是只记得自己一生中满足之处的人；而所谓不幸的人，是只记得与此相反的内容的人。"每个人的满足与不满足，并没有太多的区别差异，幸福与不幸福相差的程度，却会相当巨大。

豁达是人生的一种生活的姿态，更是一种待人处事的思维方式。豁达是人的智慧中不可缺少的一部分，豁达的人是最完整的人、是幸福的人。豁达了，你就能在生活中寻找到快乐幸福，并把快乐幸福送给别人。

♥ 离悲观远一点，离幸福近一点

你不是败给了别人，而是败给了悲观的自己

悲观的人，所想的和所说的却只是坏的一面，他们永远感到快快不乐，他们的议论在社交场所既大煞风景，个别的还得罪许多人，以致使他们到处与人格格不入。

悲观的人生总是存在于黑暗的空间内的，他们所想的，所接触的是完全与阴暗相协调的。他们会把问题悲观化，习惯了黑暗而不愿相信甚至不知道会有光明。由于总处于焦虑的黑暗之中，更使得所视之物与美好相悖。他们的情趣所在，是"以悲为悲，以乐仍为悲"，更无乐事以资乐之，总让自己在悲凉无助的境地之中去敲阴暗之门。于是，谁都无法拯救他们于黑暗之中，唯有自己的醒悟方可"矫正"。

征服悲观，迎向成功、光明和幸福的人生

一位著名的政治家曾经说过："要想征服世界，首先要征服自己的悲观。"能征服自己的悲观，便能征服世界上的一切困难之事。人生中悲观的情绪不可能没有，要紧的是击败它，征服它。

不要为令人不快的区区琐事而心烦意乱、悲观失望。在生活和工作中遇到挫折、失败等不如意的事是任何人都无法避免的，心爱的东西不存在了，付出了许多努力最终却没有收获，甚至最亲的人突然离去了，都会使我们体验到悲伤、痛苦，甚至绝望，这是正常的情况。但是，这

些压抑和悲伤应该是短暂的，不能让它们成为以后人生的主调。

人生本应该是快乐和幸福的，生命的意义也在于此。所以，对于成功、充实的人生来说，应该远离忧郁和悲观。当一个人被压抑和悲观笼罩时，看待身边的事情和人物，就会像隔着一层黑色的玻璃，自己和其他的一切都处于同样的阴郁而黯淡的光线之下。这时，脑子总会想："这事我不行，解决不了"、"我不想再试了"、"就保持现况吧，无错便是功"等。人一旦被这种情绪和思维所控制，就不会再认为自己有什么出色的能力，考虑问题的思路和方式完全就是消极和悲观的，从而不会再有积极、进取的举动。

在人生的旅途中，失意不可怕，受挫折也无需忧伤，只要心中的信念没有萎缩，哪怕寒风凄冷、大雪纷飞。在人生中，艰难险阻是对你另一种形式的馈赠，坑坑洼洼也是对你意志的磨砺和考验。落叶在秋风中漂落，春天又焕发出勃勃生机。这何尝不是一种达观，一种洒脱，一份人生的成熟，一份人情的练达。懂得了这一点，我们才不至于对生活求全责备，才不会在受挫折之后彷徨失意，懂得了这一点，我们才能挺起刚劲的脊梁，披着明媚又温暖的阳光，找到希望的起点。

诗人拜伦说："悲观的人虽生犹死，乐观的人永生不老。"要记住：快乐的人生需要你及时扫除一切的忧郁和悲观，只有这样，幸福才会离你更近一点。

遗忘忧伤，你将获得幸福

一个人快乐幸福与否取决于他的心态

生活如同一面镜子，我们对它笑，它就对我们笑；我们对它哭，它也以哭脸相示。持有什么样的心态，也就决定了我们拥有什么样的人生结局。

忧郁者说："人活着，就有问题，就要受苦；有了问题，就有可能陷入不幸。"即使一点点的挫折，他们也会千种愁绪，万般痛苦，认为自己是天下最苦命的人，一如英国哲学家罗素所形容的"不幸的人总自傲着自己是不幸的"。悲观主义者把不幸、痛苦、悲伤做成一间屋子，然后请自己钻进去，并大声对外界喊着："我是最不幸的人。"因为自感不幸，他们内心便失去了宁静，于是不平、羡慕、嫉妒、虚荣、自卑等悲观消极的情绪应运而生。是他们自己抛弃了快乐与幸福，是他们自己一叶障目，视快乐与幸福而不见。

乐观者说："人活着，就有希望；有了希望就能获得幸福。"他们能从平淡无奇的生活中品尝到甘甜，因而快乐如清泉，时刻滋润着他们的心田。

其实，任何事物本身都没有快乐和痛苦之分，快乐和痛苦是我们对它的感受，是我们赋予它的特征。同一件事情，从不同角度去看待，就会有不同的感受。一个人快乐幸福与否，不在于他处于何种境地，而在于他是否持有一颗乐观的心。

逃离忧虑的魔掌，是成功幸福人生的第一步

对于一件事情的看法，人们会因切入的角度不同而产生不一样的想法。一个忧虑的人，事事都往坏处想，于是愁眉苦脸、愤世嫉俗，但他这样也不过是亲者痛、仇者快，苦了自己。除此之外，他的生活情绪也一定会大受影响，还会连带影响他人。而反观乐观的人，他们会想办法在逆境中培养积极的情绪，用幽默的眼光看待不愉快的事情，最后反败为胜。

不过，"乐观"两个字说起来很简单，但做起来并不是那么容易的。首先，我们必须要学会在逆境中发现光明。一位母亲告诉他的儿子，天真的很黑的时候，星星就要出现了。

如果保持开朗的心境不那么容易做到，你就和乐观的人交朋友吧，他们积极向上的人生态度会感染我们，使我们在不知不觉中变得开朗。

我们要重新学会如何感动、如何爱别人，如何不去计较那些反面的事情，这样我们的每一天都可以是一个崭新的开始，充满了光明和希望。

逃离忧虑的魔掌，树立健康快乐的形象，这是成功人生的第一步！

世间美好的东西尽为乐观者所有，造物者派给他们的使命就是要他们尽情地占有和享用美好。要做一名幸福之人，就要遗忘忧伤，有对美好的东西有所向往、有所期盼。

♥ 快乐是幸福的开始和终结

快乐的人，能将"酸柠檬"变成"甜柠檬汁"

有一个人，他觉得自己从小到大都是一名失败者，失败永远陪伴在他的身边，因此他从来都不快乐。他感到上天的不公平，于是，他决定去寻找上帝，询问上帝快乐是什么。这个人翻山越岭，来到河边，见到一位老翁，就走过去问："老人家，快乐是什么？"那位老人回答他："快乐就是每天都能钓到鱼。"这位年轻人继续他的旅途，他渡过了河，来到了森林中，遇见一个正在赶路的中年男人，就问他："快乐是什么？"那个中年男人回答他："快乐就是每天都能捕获野兽。"

有一位住在美国佛罗里达州的快乐农场主，他曾创造了一个商业上的奇迹。在他当初买下那个农场时，那里土地贫瘠，各种果树都不适合种植，甚至连养猪也不适宜。除了一些矮灌木与响尾蛇，什么都难以生存，他几乎看不出这块土地还有什么用途。因此一开始，他的心情十分低落。后来他想到个好主意，他决定再投资，开发利用这些响尾蛇资源。于是他不顾大家的反对，开始把响尾蛇肉加工成罐头。而且，旅游资源也成了他的又一生财之道，每年有平均20000名游客到他的响尾蛇农庄来参观。游客到这里亲眼目睹毒液被抽出后送往实验室制作血清，蛇皮被他高价售给制鞋工厂生产女鞋与皮包，蛇肉罐头则运往世界各地。连当地邮戳都盖着"佛罗里达州响尾蛇村"，可见当地人都以这位把"毒柠檬"做成"甜柠檬汁"的农场主为荣。

快乐的人生态度，总能使人把不幸化为一种机会。哈里·爱默生·弗斯狄克曾语重心长地说："真正的快乐不一定是愉悦的，它多半是一种思想上的胜利。"没错，快乐源自一种成就感，一种自我超越的胜利，一种将"酸柠檬"榨成"甜柠檬汁"的经历。

快乐的人，幸福始终与他相伴

每天清晨都告诉自己：生活是如此美好，我感到很快乐。懂得为自己歌唱、为生活歌唱、为生命歌唱的人，快乐就会紧紧相随。当你快乐时，周围的人受到你的感染，也乐得心情舒爽、开朗，自然喜欢与你亲近。

一位哲人说："快乐是幸福的开始和终结。"如果你没有给自己套上烦恼的精神枷锁，而正确对待人生、对待事业，对待金钱与名利、对待人与人之间的关系，像一首歌所唱的："人生短短何必计较太多，成功得失不用放在心头。"那么，我们的人生就是快乐的人生。

快乐是幸福的催化剂，快乐是幸福的孪生姐妹。快乐的人，不论身处顺境逆境，不论生活是苦是甜，他都会豁达开朗，怡然自乐。快乐的人，幸福永远与他相伴。

♡ 幸福的真谛在于快乐地活着

寻找幸福，享受生命的乐趣

生活中有许多人悲叹生命的有限和生活的艰辛，只有少数人能在有限的生命中活出自己的幸福。既然如此，我们为什么不放松一下自己，去做一些自己喜欢的、平时想做却没有做的事情，为自己的幸福而活呢？

一位富商花费巨资收藏了许多珍贵的古董、字画以及各种珍珠、翡翠等，为防失窃，他安装了严密的保安系统，平日里很少进去欣赏，只当成个人财富的一部分用来炫耀。

有一天，富商忽然心血来潮，决定请大厦清洁工进去开开眼界。

清洁工进去后，并未流露出艳羡之色，只是慢慢地逐一浏览，细细地欣赏。待步出厚厚的铁门时，富商忍不住地炫耀说："怎么样？看了这么多的好东西，不枉此生了吧？"

那个清洁工说："是啊，我现在感觉与你一样富有，而且比你更快乐。"

"怎么可能？"富商摇着头说道。

那个清洁工笑着答道："你所有的宝贝我都看过了，不就是与你一样富有了吗？而且我又不必为那些东西担心这担心那的，岂不比你更快乐？"

幸福不在于拥有多少，而在于感觉如何。生活的乐趣是对生命的热爱，丧失这种热爱，即使拥有很多的财富，也不一定能享受到生命的乐趣。

生活中，每个人都应该为自己"找些幸福"。

为自己的幸福而活

为自己的幸福而活，就要敢于接受挑战和考验，在困难中，依然精神抖擞，向着目标前进。在苦难中，不忘仰望苍穹，轻轻哼唱，感激阳光雨露，赞美它的神奇与无私。幸福和痛苦是一体两面，经受不住痛苦的考验，也就难以体会真正的幸福。

为自己的幸福而活，但不可自私。幸福是无私的，为别人带来一份幸福的同时，自己也能得到同样的幸福，而带给别人烦恼的同时，自己也会得到一样的烦恼。

为自己的幸福而活，应顺其自然，不能乐昏了头，幸福就像春风，可以让人感到舒适，过了头则会乐极生悲，拂面的微风就会变成极具破坏力的狂风。

为自己的幸福而活，是一种洒脱，是一种境界，是最为成功的人生。

人 生 很 短 ， 别 在 错 过 中 一 错 再 错

PART 3

如果你为错过太阳而流泪，
那么也将错过星星

不要因为错过了太阳而流泪，否则我们会接着错过美丽的月亮！

不要因为错过了美丽的春天而嗟叹，否则我们会错过金色的秋天！

不要因为眼前的风雨而否定明天的阳光，不要因为今天的痛苦就否定明天的幸福。

幸福不曾走远，就在当下。人生苦短，把握此刻，珍惜生命中的每一天。

不念过去，不畏将来，乐活当下，才能真正享受人生的幸福和喜乐。

♡ 幸福住在时间的肩头

忽视了时间，就会迷失了幸福

起初——我想进大学，想得要死；

随后——我巴不得大学赶快毕业，能早点工作；

接着——我想结婚，想有小孩，想得要死；

再来——我又巴不得小孩快点长大，好让我省点心；

之后——我每天想着退休，想得要死；

现在——我真的要死了；

忽然间——我突然明白了；

我忘了——真正去活。

忘了真正去活，这是多么巨大的悲哀。你呢？你现在的生活如何？你是在真正生活吗？你享受过生活的甜美和工作的快乐吗？辛酸和厌倦，空虚和疲惫，疏远和孤单，自我不信任与压力重重，这是很多人正在面临和即将面临的职业处境。

你是否应该在繁忙的生活中，停下脚步来认真深入地思考一下自己到底要过什么样的生活？我们中的很多人都在忙着用生命去赚钱，却很少有人去规划一个值得拥有的生命。

幸福就住在时间的肩头

我们经常会接到朋友的电话："喂，最近怎么样呀？"你会怎么回答："喂，我比较忙！""在忙什么呢？""咳!瞎忙呗！我也不知道在忙些什么！"我们每天总是在忙，从忙碌到盲（盲目）到茫（茫然）最后到死亡，这就是我们的一生。那么我们现在有许许多多的人都说："我很忙，时间不够用，要是一天有25个小时就好了。"实际上我们的时间真的不够用吗？并不是这样的，我们看到有周围有很多人，每天你看他并不是很忙，工作井井有条，而且还有时间去休闲，难道对于他们来说，他们一天的时间比我们多吗？也不是，主要是他们善于进行时间管理。

约瑟夫·坎贝尔有句名言："你知道什么是沮丧吗？当你花了一生的时间爬梯子并最终达到顶端的时候，却发现梯子架的并不是你想上的那堵墙。"

这揭示了人生的最大失败——不了解自己到底在追求什么，不知道对自己来说什么是最重要的，违背了自我。这也告诉了我们一个深刻人生哲理——幸福住在时间的肩头。碌碌一生，到头来却浪费了最宝贵的东西——时间。浪费时间，就是浪费生命；管理时间，就是管理我们的人生。

只有管理好时间，才能使你走向成功，让你的人生过得更充实，更幸福。

管理好时间，幸福就在你身边

现在来算一算我们一生中总共浪费了多少时间，假如我们可以活到80岁，那么在这80年当中，我们睡了24年的觉，吵了2年的架，打了3年的电话，找了2年的东西，洗了2年的澡，做饭吃饭用了8年，看电视用了8年，上了1年的厕所等。那么真正用于工作的时间还不到10年呢，真是不算不知道，一算吓一跳吧。

你浪费了昨天，还能再浪费今天吗？现在我们再来算一算我们的时间值多少钱？根据每天8小时工作，全年工作244天计算，如果你的年薪为20000，那你工作每小时为10.25元，而每天多工作1个小时，全年的价值为2500元，每天多工作1小时10年的价值为75000元，接近4年的年薪。也就是说：每天多工作1小时10年可以走别人14年走的路。那么如果我们多工作2小时呢？这就是为什么有很多人把时间比喻成金钱的一个道理。我们要想成就美好的未来，必然要很好地利用时间。

所以，一定要记住，这个世界上根本不存在"没时间"这回事。如果你跟很多人一样，也是因为"太忙"而没时间完成自己的工作的话，那请你一定记住，在这个世界上还有很多人，他们比你更忙，结果却完成了更多的工作。这些人并没有比你拥有更多的时间。他们只是学会了更好地利用自己的时间而已！

时间对每一个人都是平等的，每个人都拥有相同的时间，但是时间在每个人手中的价值却不同。有效地利用时间是一种人人都可以掌握的技巧，就像驾驶一样，有效利用时间，不是成为时间的奴隶，而是实现自己的人生目标。一切完全取决于是否能够成功管理自己的时间，这就是所有成功的秘诀所在。

管理好自己和时间的关系，不是为了做更多的事、更加长寿，而是为了有足够的时间享受生活，让我们拥有一个既充实又舒畅的幸福人生。

💝 在时间夹缝中寻找幸福

每天抽出点时间做些有趣的事

幸福的人，通常很少看时间生活！

我们是不是常常忙得团团转，却又好像没有对等的收获？

是不是觉得自己很努力，却总是被时间追着跑？

是不是常常觉得没有时间做自己想做的事情？

把自己放在对的地方，找到适合自己的时间表，也是很重要的。

做自己感兴趣的事是幸福的。因此，每天坚持投入一些时间发展自己的"兴趣"和"爱好"，你不仅能体验其中的乐趣，久而久之，你就能将自己的梦想变成现实。

所有的人都会有自己的梦想，但是很多人慢慢地让自己的梦想变成了梦境，只有很少的一部分人实现了自己的梦想。这是为什么？前者的理由是自己没有时间，他们最喜欢说的就是"太忙了，我没有时间去做那些我想做的事。"但是后者却从不抱怨，而是善于在繁忙的生活中，挤出一点时间，哪怕是一小时，留给自己。

一小时并不算长，也许就是我们吃一顿饭的时间，但是时间长了，你就能从这每天一个小时里受益匪浅。

做"幸福"的时间投资者

的确，在当今这个生活节奏紧凑的年代里，人们似乎每天都没有充裕的时间去做完想做的事，所以许多念头就此打消了。但是也正是这一念之差就决定了你能否成功，一位名叫富兰克林·费尔德的人曾精辟地说过这么一句话："成功与失败的分水岭可以用这么5个字来表达——'我没有时间'。"

时间对任何人来说，都是公平的。我们看看那些事业有成的人，无不是珍惜时间的人。他们通常都有坚定的意志，坚持在忙碌的工作中挤出一定的时间来发展自己的个人爱好。世界上最大的化学公司——杜邦公司的总裁格劳福特·格林瓦特就是这样一个人。他无论多忙，都会每天挤出一小时来研究蜂鸟（一种世界上最小的鸟），用专门的设备给蜂鸟拍照。后来，权威人士把他写的关于蜂鸟的书称作自然历史丛书中的杰出作品。

当你真心想要做成某件事时，你一定能挤出时间；就算没有天分，只要你愿意每天花一点时间，做同样一件事情，不知不觉间，你就会走得很远；日积月累，是笨功夫，但也是最聪明的事。另外，它还揭示了一个让你幸福的时间管理哲学：改变密码——"改变密码"很重要，如果你爱它，它就不是苦差事，而是在享乐，让你觉得幸福。业余时间你所选择的娱乐方式决定你的未来。如果把"学习"设定为"娱乐频道"，你就是"幸福"的投资者。

时间是挤出来的。所以，时间是越管理越多，越游刃有余地掌握生活的节奏，越能在时间的锁链中经营自己的能力与理想，从而往理想的幸福人生迈进。

♡ 不要让幸福从你的指尖溜走

幸福有时就藏在你的手心里

有个年轻人，祖祖辈辈过着贫苦的生活。他从小就立下誓言，贫穷不能再蔓延，一定要在他这一代彻底结束。于是他特别想发财，想发财想到几乎发疯的地步。每每听到别人议论哪里有财路，他便会不辞劳苦地去寻找。

有一天，他听说附近深山中隐居着一位白发仙翁，今生若有缘与他见面，则有求必应，肯定会满载而归的。

于是，那年轻人不敢有丝毫的怠慢，连夜收拾行李，赶紧上山去。

他在那儿苦苦等待了5天，终于见到了传说中的仙人，他向老者请求，赐金银珠宝给他。

老人见他求财心切，便告诉他说："每天早晨，东方鱼肚白时，你到村外的沙滩上寻找一粒'心愿石'。其他石头是冷的，而那颗'心愿石'却与众不同，握在手里，你会感觉到很温暖，而且石头会发光。一旦你得到那颗'心愿石'后，你今生所祈祷的一切东西都可以得到满足。"

青年人很感激老人，拜谢过后，便赶快回村去了。

打那天开始，每天清晨，青年人便在沙滩上捡石头，每捡到不温暖也不发光的石头，他便会气急败坏地将它丢下海去。日复一日，月复一月，那青年在沙滩上寻找了半年多，始终也没找到仙人说的温暖会发光的"心愿石"。

这一天，他如往常一样，在沙滩上开始不厌其烦地捡石头。一判断不是"心愿石"，他便将石子丢下海去。一粒、二粒、三粒……

突然，青年人捶胸顿足地嚎啕大哭起来，因为他刚才习惯地将那颗"心愿石"随手丢到了浩瀚无垠的大海里去了，在石头脱手的一刹那间，他才发觉它是"温暖"的！

不要让幸福从你的指尖溜走

人生不停地在岁月的变幻里交错，许多曾经很特别的经历都在脑海中慢慢平息，甚至消失得没有了踪影。偶然有些回忆都如风掠过时起伏荡漾。人生似乎像一部上演的话剧，一旦选择了开幕就注定无法回头。想回头，也是已不愿或者已不能了。于是只有继续朝前走，即便是已经身心疲惫！

面对生活中的许多财富，人们非常容易迷失自己。也许人只有在经历了无情的岁月，生命的气息在时间面前即将耗尽时才会觉悟——原来幸福曾经来过。

幸福降临眼前时，很多人会不小心让它从手上溜走，一旦发觉时才后悔莫及，到这时"哭"和"早知道"都是没用的。

幸福并不缥缈，幸福原来真的来过，它真实地藏在每一个日子中、握在每一个人的手中。不要寻寻觅觅，不要期盼过多，珍视手中所握的，你就抓住了幸福的衣袂。

💗 用心体会，快乐度过每一天

以饱满的热情去面对生活，快乐度过每一天

有首古诗写道："但愿此心春长在，须知世上苦人多。"现实中真的是有许多人感到自己活得很辛苦，生活中没有一点乐趣。正因为世人心中无"春"，所以才无快乐可言。其实人生是快乐的，只不过快乐深藏于心，不容易为人所发现而已。

荣启期在泰山，悠哉游哉，鼓琴而歌，孔子路过，就问他为何这等快乐？

荣启期回答道："天生万物，唯人为贵，我得为人，何不乐也？"

正如荣启期所说，生而为人即是一种快乐，快乐是人生的主题。只要我们用心去体会，以饱满的热情去面对生活，就能快乐度过每一天。

许多人抱怨生活太清苦，许多人到外界去寻求快乐。而对身边的美景熟视无睹，其实只要用心生活，身边就有感动你的美景。

发现世界的美好，品味生活的幸福

在春天，特别是早春，从春来发几枝的柳树上，从重新披上绿装的大地上，从水光潋滟的湖面上，从鸟雀叽咋的瓦房屋顶，从万物萌发的郊外，从身边女人和孩子们的身上，你随处都能感受到风景的存在，让心灵享受美的熏陶。只要用心，你也能体会到"夹岸桃花三两枝，春江水暖鸭先知。蒌蒿满地芦芽短，正是河豚欲上时"的美景。

在夏天，你可以去体会万物在骄阳下傲然挺立的飒爽英姿。如果是晴空万里，你可以去河边体会"水光潋滟晴方好"的诗意；如果是雨天，你则可以去感受"山色空蒙雨亦奇"的意境。

秋天是一个收获的季节，更是好景连连，正如古人所说："一年好景君须记，最是橙黄桔绿时。"看着院里挂满果实的梨树，你能不开心？闻着空气中弥漫着的果实的芳香，你能不开心？就是看看满街的落叶，也会带给你无穷的遐想，你也没有不开心的理由。

冬天总是给人一种肃杀寂静的感觉，似乎让人压抑，其实不然，冬天也有冬天的美丽。比如看雪，去体会陈毅元帅诗中那种"大雪压青松，青松挺且直"的诗意，不也是很美，很让人振奋吗？即使去看那光秃秃的树，在凛冽的西风中沉着坚持的样子，也让人感受到力量和希望。享受着这一切，你能说冬天不美吗？

只要你愿意，只要你有心，你随时都可以感到愉快，你可以在阵雨中歌唱，使音乐充满你的心灵，你可以在烈日中独行，让阳光洒满你的心灵，你可以在风中散步，让风儿吹散你心中的不快，你可以……总之，只要你愿意，快乐随时都会陪伴着你。

人生是愉快的，世界上之所以有那么多人感觉不到愉快，不过是因为他们自己的愚昧和怯懦，不过是他们没有用心去对待生活，你要相信，只要尽你所能，用心去体会去表现，你可以快乐度过每一天。

幸福生命的形成，并不需要什么。完全在你自己身上，在你的思想里。的确如此，要想拥有幸福，那么就学会自己真正掌握幸福去吧！

♡ 抓住现在便抓住了幸福

积极把握幸福，才能拥有更多的幸福

有些人总觉得自己不幸福，这是因为他们不懂得在幸福的时候享受幸福，更不懂得在苦难的时候回味幸福。幸福是快乐的时刻，是一种心灵的感觉。

不要活在过去中或只是为了未来而活，而轻易地让生命由指端滑落。重视现在、把握当下，每天都过着很充实的生活。当我们仍可以给予时，不要轻言放弃；在我们停止尝试之前，没有任何一件事情是已经结束的。不要害怕承认自己是不完美的；不要害怕面对风险，我们在尝试中学会勇敢；不要说真爱难寻，而将爱排除在生活之外。

我们应该善加投资运用，以换取最大的健康、快乐与成功。时间总是不停地在运转，我们可以努力让每个今天都有最佳的收获。记住别让生命都用在等待之中。等20岁以后，等到大学毕业以后，等到结婚以后，等到买房子以后，等最小的孩子结婚之后，等把这笔生意谈成之后，等到退休以后！人人都很愿意牺牲当下，去换取未知的等待；牺牲今生今世的辛苦钱，去购买后世的安逸。许多人认为，必须等到某个时间或某件事完成之后，再采取行动。

幸福是人生中最美好的时刻，那么，我们怎样来享受它呢？享受幸福就要快乐地享受生活。当幸福来临的时候，我们要激情地享受每一分钟，让它像纯净的酒精一样燃烧成淡蓝色的火焰，不留一丝渣滓。当苦

难来临的时候，我们要经常回味以前幸福的时光，这样我们的心情就会变得愉快，面对困境也就比较乐观，从而能够更好地迎接下一个幸福时刻的到来。我们虽然不能够让自己的每天都充满幸福，但只要我们更积极地把握幸福，我们就有可能拥有更多的幸福。

幸福不要等，现在就开始行动

一个人永远无法预料未来，所以，不要延迟想过的生活，不要吝于表达心中的话，因为，生命只在一瞬间。每个人的生命都有尽头，许多人经常在生命即将结束时，才发现自己还有很多事情没有做，有许多话来不及说，这实在是人生最大的遗憾。别让自己徒留为时已晚的空恨。逝者不可追，来者犹未卜，最珍贵、最需要实时掌握的当下，往往在这两者蹉跎间，转眼即失。这也道尽了人生如白驹过隙，转眼即逝的惶恐。有许多事，在我们还不懂得珍惜之前已成憾事；有许多人，在我们还来不及用心之前已成旧人。遗憾的事一再发生，不断追悔早知道如何如何是没有用的，"那时候"已经过去，我们追念的人也已走过了我们的生命。

不管我们是否察觉，生命都一直在前进。人生并不出售返程票，失去的便永远不再回来。将希望寄予"等到空闲的时间才享受"，我们不知道失去了多少可能的幸福。不要再等待有一天"可以松口气"或是"麻烦都过去了"，才去实现我们的目标或理想。

那么我们要如何面对生命呢？我们无需等到生活完美无瑕，也无需等到一切都平稳时才做，想做什么，现在就可以开始做起。

生命中大部分的美好事物都是短暂易逝的，享受它们、品尝它们，善待每一天，别把时间浪费在等待所有难题都有完满结局上。

💛 细数每一天，把幸福捧在手中

幸福不在远处，幸福就是现在

一个富人和一个穷人在谈论什么是幸福。

穷人说："幸福就是现在。"

富人望着穷人的茅舍、破旧的穿着，轻蔑地说："这怎么就叫幸福呢？我的幸福可是百间豪宅、千名奴仆啊。"

世事无常，一把大火把富人的百间豪宅烧得片瓦不留，奴仆们各奔东西。一夜间，富人沦为了乞丐。

正当三伏，汗流浃背的乞丐路过穷人的茅舍，想讨口水喝。穷人端来一碗清凉的水，问他："你现在认为什么是幸福？"

乞丐眼巴巴地说："幸福就是此时你手中的这碗水。"

其实，幸福本来就是现在。只有一个个现在串成的幸福，才是一生一世的幸福。

对于有些人来说，幸福似乎永远"就在山的那一边！"如果翻过山头后，你真的能够满足，让自己从此安享幸福，那倒还不错了！可惜，当你攀越过这座山头之后，眼前往往又是另一座山头，你一路憧憬的"永远的快乐"依旧遥不可及。甚至当一切进行得一帆风顺时，怀有"到……的时候，我就满足了"的人还是会再构想另一个"到……的时候"，来阻碍快乐，不让自己就此满足。然而，过去已过去，未来尚未来，人永远只能活在"现在！"只有把握现在，才能把握幸福。

珍惜每一天，享受当下的幸福

佛陀说："不要沉湎于过去，不要幻想将来，集中心神于此刻。"佛家常劝世人要"活在当下"。到底什么叫做"当下"？简单地说，"当下"指的就是：你现在正在做的事、待的地方、周围一起工作和生活的人。"活在当下"就是要你把关注的焦点集中在这些人、事、物上面，全心全意认真去接纳、品尝、投入和体验这一切。

禅家说："人只活在当下呼吸之间。"既不抱怨，也不做不切合实际的幻想，珍惜每一天，享受当下的充实，享受做好每一件事的过程，静心息虑地感受自己现有生活的快乐，从当下这一心念来把握你的生命生存的方式，生存的方向，生存的质量，你就能把幸福牢牢捧在手中。

幸福不在别处，就藏在每一天每一分每一秒中。我们应该永远珍视这句古老的格言：细数你的幸福，不要为打翻了的牛奶哭泣。

♥ 昨天已成历史，不要为了昨天流泪

不要为了昨天而流泪

人生由三天组成，昨天、今天和明天。如果你在忙碌的今天为了昨天的失败或不幸而哭泣，那么你的今天就只剩下了泪水。试问，你的明天又将何去何从？

对于很多人来说，对于过去都无法释然。站在时间的长河中，如果不把注意力放在美好的今天和明天，总是沉浸于往事中，是极不明智的做法。昨天依然和我们有关，但是希望是不可能从昨天产生的，生活的奇迹永远是今天的主题。每一天的太阳都是新的，不要对昨天念念不忘，昨天无论是辉煌还是黑暗，都已经成为历史。作为已经翻过去的一页，我们何必要花费精力去自责，去悔恨呢？把握好今天，要为了明天而准备，而不是为了昨天而哭泣。

人生在世，不可能永远风平浪静。在现实的大海中航行，如果因为昨天的风暴，而放弃今天的航线，恐怕那些人生的新大陆永远也不会被发现。成功人士亦是如此，翻阅那些伟人的传奇史，几乎每一个成长阶段都有一些伤口。所以不要轻易地放弃，不要让自己陷入过去的沼泽。或许昨日诚可贵，但是今日价更高。

与昨日告别，把握今天和明天的幸福

人的一生要经历过无数的风雨，无数的磕磕绊绊。看看我们小时候

是如何学会走路的，我们一边学走，一边摔倒，我们没有因为摔倒了，就长哭不起，就拒绝走路。相反，儿时的勇气是巨大的，无论摔得多么疼，哭一下子以后还是要走的，甚至第二天就把昨天摔跤的事情忘记了，或许这就是人坚强的本性。长大之后，这种本性是依然存在的，我们不能让软弱把它掩埋，要如同一个幼儿学路那般勇敢。昨天的创伤已经结疤，让我们不要再把精力放在它身上了。不要为昨天的失败而流泪，但是要从昨天吸取教训，避免今天成为第二个失败的昨天。

如果我们为了昨天的失误而哭泣，甚至放弃了今日应该做的，明日再为今日的放弃而哭泣，日日相仿，人生就这样丢失了它的意义。昨天的事情我们已经无力改变，那么就应该勇敢地去面对它，把握好今天才是最有价值的行为。

在通过成功的道路上，或许荆棘丛生，或许障碍重重，可是所有的这一切都是可以战胜的，关键是你是否具备了战胜它们的决心。昨天的荆棘丛林已经走过，即使伤痕累累，也不能代表我们无法跨越这条路。勇敢地走下去，伤在昨天，勇于今天，那么成功就在明天。

不要为昨天的失败而流泪，但是要从昨天中吸取教训，避免今天成为第二个失败的昨天。

💗 错过了太阳，就不要再错过群星了

要是这样，那你就该高兴……

有些人始终对自己的生活不满意，总认为自己会运气太差。那么，这些人不妨读读这篇文章：

生活是极不愉快的玩笑，不过要使它美好却也不是很难。为了做到这点，光是中头彩赢了几十万元，得了"白鹰"勋章，娶个漂亮女人，以好人出名，还是不够的——这些福分都是无常的，而且也很容易习惯。为了不断地感到幸福，甚至在苦恼和愁闷的时候也感到幸福，那就需要：善于满足现状；很高兴地感到："事情原来可能更糟呢"，这是不难的。

要是火柴在你的衣袋里燃起来了，那你应当高兴，而且感谢上苍：多亏你的衣袋不是火药库。

要是有穷亲戚上别墅来找你，那你不要脸色苍白，而要喜气洋洋地叫道："挺好，幸亏来的不是警察！"

如果你的妻子或者小姨子练钢琴，那你不要发脾气，而要感谢这份福气：你是在听音乐，而不是听狼嗥或者猫的音乐会。

你该高兴，因为你不是拉长途马车的马，不是寇克的"小点"，不是旋毛虫，不是猪，不是驴，不是茨冈人牵的熊，不是臭虫。

如果你不是住在边远的地方，那你一想起命运总算没有把你送到边远的地方去，你岂不觉着幸福？

要是你有一颗牙痛起来，那你就该高兴：幸亏不是满口的牙痛起来。

你该高兴，因为你居然可以不必读《公民报》，不必坐在垃圾车上，不必一下子跟三个人结婚。

要是你给送到警察局去了，那就该乐得跳起来，因为多亏没有把你送到地狱的大火里去。

要是你挨了一顿桦木棍子的打，那就该蹦蹦跳跳，叫道："我多么运气，人家总算没有拿带刺的棒子打我！"

要是你的妻子对你变了心，那就该高兴，多亏她背叛的是你，不是国家。

依此类推……朋友，照着我的劝告去做吧，你的生活就会欢乐无穷了。

这篇文章原本是契诃夫对企图自杀者的进言。一般人看了以后都会忍俊不禁，幽默诙谐当中的确蕴含了丰富的哲理，寄寓了他对真诚生活的向往。

如果错过了太阳，就不要错过群星了

如果虚度了今天，那么就暗自庆幸，还有明天，可以重新开始。

如果正在刮台风下雨的时候，我们正在街上，把雨伞打开就够了，犯不着去说："该死的天，又下雨了！"这样说对于雨滴，对于云和风都不起作用。我们不如说：多好的一场雨啊！这句话对雨滴同样不起作用，但是它对我们自己有好处，同时也可以把快乐传递给别人。

深圳的一次"城市精英"培训班上，有一个公司的总经理在公众面前谈他的成功经验时说："我其实没有什么成功经验。到今天为止，40多年来，我每天做的都是很平常的事情。每天我都按计划做我每天的事情，一件事情做完了，接着再做下一件事情。走到今天，应该说我对自

己还是满意的，因为我计划中的目标都实现了。我在深圳有自己的房子、车子、公司，最近又将父母接到了身边，我感到生活让我平实地走了过来，我对生活也充满着挚爱，我在生活中学会了平常的付出，而生活却给了我超常的回报。"

这也是一种成功。

如果错过了太阳，不要流泪，不然就要错过群星了。

要懂得随手关上身后的大门

"我这一生都在关我身后的门"

英国前首相劳合·乔治有一个习惯——无论走到哪里，无论什么时候他都会随手关上身后的门。

有一天，乔治和朋友在院子里清闲地散步，他们每经过一扇门，乔治总是很自然很及时地随手把门关上。

"你这里警卫森严，几乎一只麻雀都飞不进来。你有必要把这些门都关上吗？"朋友很是纳闷。

"哦，当然有这个必要。我说的必要当然不是指我个人的安全问题。"乔治微笑着对朋友说，"我这一生都在关我身后的门。你知道，这对于我及很多人来说是必须做的事。当你关门时，也将过去的一切留在后面，不管是美好的成就，还是让人懊恼的失误，然后，你才可以重新开始。"

朋友听后，细细品味着，不觉陷入了沉思中。

乔治正是凭着这种精神一步一步走向了成功，最终踏上了英国首相的位置。

"我这一生都在关我身后的门！"多么经典的一句话！

关上身后的门，打开幸福的窗

每个人，从跌打滚爬中走过来，身上难免沾染一些尘土和霉气，心中多少留下一些酸楚的记忆，这都是事实，都是永远也不能完全抹掉的事实。

我们需要的，不是把头颅埋在沧桑的双手里，痛苦地回忆；我们需要的，是放弃已经过去的失误和不愉快。因为伤感也罢，悔恨也罢，都不能改变过去，不能使你更聪明、更完美，只有不断地总结昨天的失误，才是最明智的选择。背着沉重的怀旧包袱，为逝去的流年伤感不已，那只会白白地浪费掉眼前的大好时光，那只会让你在不知不觉中放弃现在和未来。

追悔过去，已经没有任何意义，它只能让你失掉现在；失掉现在，未来又从何谈起！

要想成为一个快乐幸福的成功人士，最重要的一点就是记住：随手关上身后的门。将过去的错误、失误通通忘记，沉湎于懊恼、后悔之中只会让别人更加看不起你。

时光不会留恋任何人，它总是绝情地一去不复返。今天就应尽力做完当天该做的事，因为明天将是新的一天。

♡ 超越过去，迎接明天的挑战

为误了第一班车而懊悔，也将会错过下班车

如果人们总是对自己曾经失去过的念念不忘，那样只会让你白白浪费时间，同时也放弃了美好的未来。

沉浸在过去的岁月里，只会失掉现在；没有现在就更没有将来可言了。

人生也就是从昨天的风雨里来，过去已在心里留下了很深的记忆，而这也将会成为我们一生中不可抹掉的回忆。　·

然而，如果你长时间生活在过去的日子里，那么你就会像在船底附着的小动物一样，时间长了，也就会将你拖下去。沉浸于过去也是很多人的通病，因而要对现在专注起来也就很难了。

如果你发现自己有沉溺于过去的现象，那么你就要将你的注意力集中到目前，然后可以在心里大声说，过去已成为历史，只要活在现在。

告别过去，才能更好活在现在和未来

对于过去、现在与未来，人只能沉浸在一个阶段，而每次也只能上演一个阶段。

对于每次只能上演的这一个阶段，又是否做到了使自己闪闪发亮呢？

如果你不反省过去的言行举止，汲取失败的教训，又如何能改变自己，迈向成功呢？

如果你现在有梦想与目标，但是你一直沉浸于过去，无法向前看，那么梦想与目标都只会是你的一种无法实现的想法。

尽管忘记过去是十分痛苦的事情，但事实上，过去的毕竟已经过去，过去的不会再发生，你不能让时间倒转。无论何时，只要你因为过去发生的事情而损害了目前存在的意义，你就是在无意义地损害你自己。超越过去的第一步是不要留恋过去，不要让过去损害现在，包括改变对现在所持的态度。

如果你决定把现在全部用于回忆过去、懊悔过去的机会或留恋往日的美好时光，不顾时不再来的事实，希望重温旧梦，你就会不断地扼杀现在。因此，我们强调要学会适当地放弃过去。

当然，放弃过去并不意味着放弃你的记忆，或要你忘掉你曾学过的有益事情，这些事情会使你更幸福、更有效地生活在现在。

过去也正是现在的开始，在如今这个发展快速、高科技的时代，人们在过去所做的每件事也都是为将来做准备。因此，不要老是缅怀过去，要更多地欣赏未来。

♥ 让痛苦成为过去，握住快乐幸福的手

要勇于承受接受和善待痛苦

面对痛苦的经历时，我们会先震惊，难以接受，接着便是不知所措和难以忍受，而且无法想像以后要怎么办，这时，我们便会想要逃避。

不断的抗拒只会延长痛苦的时间，而该面对的仍是得面对。如果一味逃避，只会令自己深陷在痛苦中。

通常痛苦不是发生时的事情，痛苦的部分在于日后的我们总会一而再、再而三地记起那件事，而在每次忆起时，那种情绪便又上来，周而复始，然后，我们推拒痛苦的情绪，而痛苦却总是如影随形，怎么也摆脱不掉。

当我们在这种情绪中沉溺时，就无法在生活中体验美好。过去难以忘怀，但持续下去，只会令自己沉迷于昔日的生活，而不断背负过去的痛苦。

不要逃避痛苦的感觉，也不要逃避现在的生活，当痛苦来临时，去感受它；当痛苦漂流时，不要再紧抓住它，让它成为真正的过去，这样才能好好地生活。

从痛苦中感受快乐和幸福

生命有痛苦是正常的，有快乐也是正常的，如果你紧紧抓住痛苦不放，快乐就永远也不会到来，放弃痛苦，抓住快乐，让生命重放光彩。

而这一切，需要你给自己找一个远离痛苦的理由来安顿你的心灵。这个理由可以是无意中听到的一句话，也可以是发生在周遭的一件小事，还可以是你对生命的蓦然感悟。

夏日游泳是一大享受，但在穿好泳装，要跳下水时，通常需要很大的勇气，水的温差会令我们产生抗拒。一旦跳下水后，适应了温差，我们反而会爱上水中的温度，并且不想离开泳池。

这种抗拒和对痛苦的抗拒一样，刚开始是痛苦的，后来，面对它之后，痛苦过去了，快乐和幸福便会出现。

当痛苦降临时，我们无从逃避，但当痛苦远走时，千万别抓住不放，让痛苦成为过去，才有机会握住快乐幸福的手。

人 生 很 短 ， 别 在 错 过 中 一 错 再 错

PART 4

世界残酷待你，你要温柔待自己

不知道你是否有过这种感觉：某一天照镜子的时候，发现镜子中的人如此陌生。

我们不禁会想，是时间改变了我们，还是我们从未好好地看清过自己？

生活的重压下，我们的心灵仿佛开始随着挤压而变形，我们的面貌，也随之麻木而陌生。

更多的时候，压力来自我们自己，不要给自己太大的压力，健康和快乐才是最重要的。

善待自己，每天爱自己一点点！善待自己，才能面对世界的残酷，将幸福掌握在手中。

💝 别用高标准来为难自己

活得累，只缘你对自己要求太高

生活中，常常听有人抱怨活得太辛苦，压力太大，其实，这往往是因为我们还没有衡量清楚自己的能力、兴趣、经验之前，便给自己在人生各个路段设下了过高的目标，这个目标不是根据个人实际情况制定的，而是和他人比较以后制定的，所以每天为了完成目标，不得不背着责任的包袱去生活，不得不忍受辛苦和疲惫的折磨。

人首先要为自己负责任。有的人不看实际情况，要求自己必须考上名牌大学，必须学热门专业，认为这是自己的责任，只有这样才算完美人生。许多大学毕业生不愿去基层，不愿去艰苦地区，就是因为他们人生的背篓中背负有太多的责任。这种以私利为出发点的个人抱负，已褪变为一个包袱压在身上，让人喘不过气来。可有人却乐此不疲。

人们常说："什么事都归咎于他人是不好的行为。"但真的是这样的吗？许多人动不动就把错误归咎于自己，其实这也是不正确的观念。比如说有的人因孩子学习不好而整天苦恼，因孩子没考上大学而内疚。

其实只要自己尽力去为孩子做该做的一切了，因为其他原因而落榜，怎么能把责任归到自己身上呢？再者说，塞翁失马又焉知非福呢？指不定孩子能在其他方面有成就呢。

把自己从"高标准"的桎梏中解放出来

了解自己，做你自己，就不必勉强自己，不必掩饰自己，也不会因背负太重的责任包袱而扭曲自己。

如此，就能少一些精神束缚，多几分心灵的舒展，就能少一点自责，多几分人生的快乐。

有的人对自己和社会格格不入的个性感到相当烦恼，可是后来把它想成：这种个性是与生俱来的，是上天所赐予的，并非自己努力不够。这样一想，也就不再责备自己，不再烦恼了。

生活中有许多不快乐与抱怨生活烦闷，感到人生不顺的时候，应该让自己明智一点，不要用"高标准"去为难自己，卸掉自己背负的沉重包袱，不再折磨自己的内心。

只有认清了在这个世界上要做的事情，认真去做自己喜爱的事，我们就会获得一种内在的平静和充实。知道自己的责任之所在，并背负了恰当的适合自己的责任包袱，我们就能体会到人生旅途的快乐和幸福。

💛 不必勉强自己，人生应量体裁衣

盲目的忙碌，最后收获的是茫然

唐僧前往西天取经时所骑的白马本是长安城中一家磨坊里的一匹普通白马。此马本无什么出众之处，只不过一生下来就在磨坊里干活，身强体健、耐苦耐劳，且老老实实、从不捣乱。玄奘大师想：西天路途遥远，去时要当坐骑，回来时要负重驮经书，况且自己的骑术又不是很好，还是挑选一匹老老实实的马吧。选来选去，就选上了这匹磨坊里的普通白马。

这一去就是17年。待唐僧返回东土大唐时，已是名满天下的传奇英雄。这匹白马也成了取经的功臣，被誉为"大唐第一名马"。白马衣锦还乡，来到昔日的磨坊看望老朋友。一大群驴子和马围着白马，听白马讲取经途中的见闻以及今日的荣耀，大家羡慕不已。

白马很平静地说："各位，我也没什么了不起，只不过有幸被玄奘大师选中，一步一步西去东回而已。这17年间，大家也没闲着，只不过你们是在家门口来回打转。其实，我走一步，你也在走一步，咱们走过的路还是一般长，也一样的辛苦。"

众驴子和马都不言语了。是啊，自己也没闲着啊，怎么人家就成了"成功之士"，有荣誉有地位，自己还是老样子呢？

我们不妨从其他角度来看这个故事。

作为白马，它并没有因为跟随玄奘大师功成而返而表现出洋洋自得、高人一等，相反，它觉得自己只不过是和其他的马一样在奔走，并且走的路程一样长。这样的胸怀固然值得我们去学习。

但是，其他的驴子和马的心态就没有可取之处了。每一个生灵的存在就一定有他的价值，玄奘大师取经只能带去一匹马，如果它们因为自己不能成为幸运儿而自怨自艾，反倒连自己的本职工作也会受到影响。不妨像白马一样，只要在自己的位置上能够发挥最大的价值就可以了。

盲目的忙碌，最后收获的是茫然。

量体裁衣，制订最适合自己的生活目标

有句成语叫做"碌碌无为"，碌碌，忙得不可开交，但却是"无为"，太可怕了。很多时候我们恐怕都没有把"忙"真正地定义清楚。忙是什么呢？忙应该是在特定的时间段中朝着特定的目标进行连续不断的努力的生存状态。忙碌可以使我们的生活充实，让我们将来回忆时觉得自己对得起时间、对得起自己。但是如果我们只是为了追求不切实际的愿望而去忙，只是为了向人表明自己"重要"而去忙，那么无非是自己欺骗自己罢了。

有的人从头至尾都有一个明确的目标，为成就一番事业而奋斗，而有的人身不由己，随波逐流，每日所忙都只是为了伙食标准提高一些而已。大家一样的辛苦忙碌，谁也没闲着，甚至我们比他还忙还累，可收获却大不相同。

如果我们不能实现太高的生活目标，那我们就应该量体裁衣，制订最适合自己的目标，然后实现自身的价值。

不切实际地制订过高的人生目标，只能是给自己套上一副沉重的枷锁，徒增痛苦。凡事应量力而行，量体裁衣，做自己力所能及的事情，才会生活在快乐和幸福中。

♡ 每天笑一笑，幸福离不了

用微笑唱响自己的幸福人生

微笑，就像黑夜中一只偶然飞过的萤火虫，带领着在生活之路中迷途的孩子们走过迷茫的黑暗之区；就像炽热的阳光温暖他们在黑暗之中早已冰封的心，明亮却又没有一丝阴影，让他们永远生活在用微笑撑起的一片迷人的世界中……

在你失望之时，请别忘了"失败乃成功之母"；在你绝望之时，请别忘记上天赋予人类最好的礼物——希望，因为那是让你生活下去的动力；在你对生活对人生已毫无留恋而选择逃避时，请别忘记试试用微笑来面对自己的生活，用微笑来演绎自己的人生，或许那样世界会再次向你展现它迷人的光彩……

每天笑一笑，幸福离不了

也许你遇到了许多不顺心的事情，遭遇了打击，你的心情很糟糕。终于有一天，你从谷底爬了上来，看到了生活美好的阳光。你却将微笑、开朗以及十足的好奇心遗落在了那个不知名的山谷里。已改变的你对沿路的一切不再感兴趣，只知道要保持永远紧张、永远谨慎。木然地往前走，只知道路的尽头的"桃花源"是你这一生唯一的目的，对！是目的，却再也不是希望……路边的山泉，你不会再为之欢呼，身旁突然跑过的可爱的动物们，你也不会再为之追逐，因为这一切对你来说，不再有意义了。当时间终于迈入了最神圣的时刻，你穿过了沙漠，走过了荆棘地，来到了尽头。可是，你失望了……不，是绝望了，为何人人向往的"伊甸园"只是万丈深渊？为何命运的安排总是在那幸福即将来临之时，收回了圣洁之手，背弃了所有的一切！你想再重走一次生活之路，却已经无法提起任何的勇气，只能选择人生路中这唯一的结果。原来生活之路的尽头是生命的消失，可愚蠢的你为了发现那不着实际的与从不曾出现过的幸福乐园，放弃了作为一个人的、宇宙大地之上的自我价值与真实，放弃了微笑与无悔，让那本属于自己的幸福从自己没有握紧的手中溜走。

你发誓：下一次一定要用微笑面对生活，用微笑紧紧抓住幸福，那样的来生一定会过得无怨无悔……

生活中的人会经历成千上万次的挫折，但如果仍能对着镜中早已伤痕累累的自己露出真心的微笑时，你会发觉自己在不知不觉中变得坚强了，会发觉生活之路虽然曲折，但却异常迷人。

一旦你看淡了人生，看淡了人人相争的名利，就会发现人生与生活不过如此。

只要自己是快乐的、无悔的，你就会觉得自己的一生是成功的。随着时间的推移，你也来到了人生的尽头，你虽然对人们口中的景象和实际相差太远而感到失望，但那只是一瞬的失望，而非绝望，因为你已经得到了自己想要的幸福与快乐；也学会了在挫折中变得坚强，也习惯了用微笑来面对生活，你的一生，微笑从未离开过嘴角。黑暗与不幸从未来到过你的身旁，让你这一生幸福、安宁。

笑容是生活中的阳光，有了它，我们才有良好的关系、乐观的心态，才会有真正的生活，也将拥有真正的成功。

♡ 永远微笑着面对自己的人生

用微笑来缓解所造成的压抑

你有没有这样的经历？当你心事重重、心情沉郁，或满目忧伤的时候，一个陌生人，尤其是异性，冲你一笑，哪怕是一个很清浅的微笑，你会觉得心情骤然放松，迅速松弛，那紧张与压抑在减缓，在变淡，甚至烟消云散。

弗洛伊德认为，社会上的"清规戒律"太多，约束禁止人们去"胡说八道"，只好开个小调（即开玩笑，讲笑话，亦即诙谐）来缓解所造成的压抑。我们应当学会用笑来调剂生活。

清晨起床，觉镜自诊，冲着镜子里的自己做个鬼脸，调皮地眨眨眼，或泛一丝惬意的微笑，顿感心情舒畅。一夜的休息，身心完全放松，一个微笑调动起了全天的情调。轻松的笑容，开始一天的生活，欢快的翅膀，如沐春风。

不论前路如何，我们都要笑对人生

笑对人生，我们要乐观豁达。生活的压力，常常让我们承受过多的重负；复杂多变的社会现状，往往又给我们带来种种挫折和磨难。要想立足生存，要想长足发展，若无乐观态度，则极易消沉自己，磨蚀锐气，百无一用；若无豁达，则会自缚手脚，自我囚禁，难得片刻闲暇，为己所累。因而，积极向上、虚怀若谷实为生存上上之道。

　　笑对人生，要有快乐的心境。面对任何的困难和挫折，付之一笑，工作的压力和学习的烦恼都会随心情舒畅而烟消云消。晨起跑跑步，打打拳，踢踢腿，时时邀约三五好友或互畅心曲，或下棋看戏，或游泳钓鱼，或登山涉水。放松心情，放飞心灵，学会调解，何忧之有？

　　笑对人生，要学会欣赏。王永彬《围炉夜话》云："观朱霞，悟其明丽；观白云，悟其卷舒；观山岳，悟其灵奇；观河海，悟其浩瀚。"因而，保持一种审美的态度去看待世间万物，你会发觉生活异常美好。小则草芥微虫，大到宇宙苍穹，皆有其灵妙之处，皆有清新可言。不论是诗词歌赋，还是影视小说，各有各味，各有所长。

　　笑对人生，人生会更乐观潇洒；笑对人生，人生会更绚丽精彩；笑对人生，人生会更自由豪迈。

💙 与压力共舞，让压力成为人生的香料

压力无法逃避，要学会与压力共处

现代社会是一个充满压力的社会。每个人都在压力中生存，差别仅是压力的大小和对压力的反应而已。压力可以说是与我们相伴一生，如果不能和压力好好相处，压力就会成为我们人生成功的绊脚石，让我们疲惫或失望，失去生活的兴趣。

近来，因为压力而引起的各种不良反应诸如焦虑、忧虑、愤怒、过劳等精神疾病正在困扰着越来越多的人，成为社会关注的焦点。根据世界卫生组织（WHO）统计，北美地区因压力所付出的代价每年超过2000亿美元，其中在美国因为压力所造成企业的损失就超过300亿美元，在英国由于压力所耗损的产值占了国民生产总额（GNP）的3.5%强。

研究压力对人类身心影响最有名的加拿大医学教授赛勒博士曾说："压力是人生的香料。"他提醒我们，不要认为压力只有不良影响，而应转换认知和情绪，多去开发压力的有利价值，本来人类在其一生中，就是无法摆脱压力。

既然无法逃避压力，就要学习与压力共处，若无法和平相存，甚至要靠克服压力来获得回馈，则可能导致各种身体与精神疾病。天天受到压力的折磨，不仅对工作人员及家庭生活造成伤害，同时也导致企业生产力和竞争力下降，甚至造成无可弥补的损失。

三大步轻松化解压力

首先，应该学会缓解压力，最有效的方法就是在你面前摆一把椅子，想象给你带来压力的一方就坐在椅子里。然后对着"他"说出你长期以来的想法和感受。在对方不在场的情况下讲出你的愤怒，这样可以释放被压抑的能量，使你思维变得清楚，排解心中的毒素。

其次，还应该学会控制自身对压力的反应，增加心理的承受能力，减少外界压力带来的伤害。如果因某种自身不可改变的事物给自己造成压力，这种方法是减轻伤害的最好途径。

应根据自身的条件和现实的环境，制定切实可行的人生目标。一个好的目标会使人奋发努力，积极进取，并体验到成功的喜悦。反之，如果目标脱离现实，完全没有实现的可能，肯定会遭遇到重重困难，并使人产生挫败感。

要善于消除不良情绪。

人作为社会成员之一，不可避免地会遇到各种挫折和打击，会产生诸如愤怒、悲伤、恐惧等各种消极情绪。遇到这种情况，应采取一定的方式宣泄这些不良情绪，如倾诉、抗争、转移注意力等，应尽量减少采用否认、退缩等方式解决矛盾。

再次，如果某种压力已经给自己造成心理伤害，自己又无法排解，这时一定记着去寻求心理帮助，千万不可让它郁积于心，否则后果不堪设想。

社会生活节奏的加快、日趋激烈的竞争和永无止境的欲望，使人们承受着越来越重的压力，既然压力无可避免，那么就让我们与压力共舞吧！

♡ 珍爱自己，与自己温柔相待

珍爱自己，把自己当作生命的重心

不懂得珍爱自己的人，也不会真正懂得去珍爱别人。

人的一生总要有个重心，你把什么当作自己生命的重心呢？事业，爱情，亲情，友情……总之，是他人，还是自己？

我们都曾听过：某人为了迁就父母的想法，选了一门自己不喜欢的专业，或者娶了自己不爱的人，要么是从事自己不喜欢的职业。某人看别人在商场中大发利市，便盲目跟从，结果经营不善，亏损累累……所有这些都是源于你缺乏自信，不相信自己能够承担自己的现在与未来，所以你才努力地把自己的一切依附于别人。事实上，如果连你自己都不能肯定地相信自己，别人的鼓励是根本产生不了什么作用的。别人的想法永远不能完全代表你自己，你也绝对有权去决定要不要接受别人的意见或是受不受别人的影响。

懂得珍爱自己，把自己当作生命的重心，说通俗些就是倡导人"自私"，虽然这与我们"先天下之忧而忧，后天下之乐而乐"的"仁"道大相径庭。

我们中国人素来以"爱人"为美德，而以"爱己"也就是"自私"为耻。"爱己"就会遭人议论，为人不齿。

其实，自私不是件坏事。做人要自私，但不吝啬、不损人。自私，就要把自己放在第一位，从自己的角度出发看问题、做事情，也就是以自己为中心、重心。

自私也并不是件见不得人、不光彩的勾当。相反，一味妥协才是人生最大的悲哀。像童话里那只善良、软弱的仙鸟，为报答救命恩人，每次都拔下自己的一根羽毛，满足他的需要。终于，在严寒的冬夜，没有了一根羽毛的它冻死在广场的雕塑上。它至死也不会明白，正是它的所谓"善良"、"爱人"，才培养了对方的贪欲和惰性，也使它失去了生命。人不也是这样吗？

爱自己，与自己的幸福忧伤共呼吸

就如爱人，把爱情作为生命的中心，把自己的全部交给所爱的人，生命就不再属于自己，而爱人也会因此背上沉重的负担。爱情本来就是两颗独立的心相互碰撞的结晶，试想只剩一颗跃动的心，爱情的火焰还能燃烧多久？倚靠着别人过一时还行，一辈子呢？

就如亲人，年少时我们有长辈的呵护疼爱，年老时我们有儿孙的孝敬关爱，但他们都曾经或都将会有自己的生活，都将离我们而去。

事实上，只有自己才是生命的重心，只有自己才完全属于自己，无论年少年老，无论得失成败，都是自己。苦也罢，累也罢，为着自己，无怨无悔，勤勤恳恳。

当我们把自己作为生命的重心时，我们就把自己当作知己，当作朋友，我们和自己谈心，交流，监督自己，惩罚自己，奖赏自己，安慰自己，没有伪装，没有隐私，获得灵魂的安宁，接受正义的审判。为自己的快乐而快乐，为自己的忧伤而忧伤。

只有你才是你生命真正的重心，也唯有你才能给自己最有力的肯定，那才是你成长中的突破，潜能开发的最佳基础。

♡ 有了健康，才有幸福的人生

健康比金子还珍贵

很难想象有什么数量的物质财产能弥补不良的身体——也很难想象，没有健康，人还能享受什么财产。诚如拉伯雷指出："没有健康，人生就不是人生，只是一种苟延与受苦的状态。"培根也说："健康的身体是灵魂寄住的客房；生病的身体则是一座牢狱。"没有健康，人生的追求，无论是事业、财富还是爱情终将化为泡影。

著名的石油大王洛克菲勒曾经称霸美国的石油行业，聚敛了无尽的财富，成为当时的首富。然而由于超常的工作量以及巨大财富带来的紧张与压力，使他在50多岁时便衰弱成一个老翁，头发脱落，免疫系统失调，骨瘦如柴，身体全面崩溃，巨大的财富于他又有何用？只有当他退出了争夺财富的战争，全身心地专注于自己的健康，清心养性，并投身于宗教信仰与人类的福利事业时，他才又一次赢得了生命，并活到90多岁的高龄。

石油大王的经历再一次向世人阐释了健康高于财富的真理。

很多人当风华正茂、体态匀称时，对吃什么，怎么吃不大讲究，全然不把营养均衡、粗细搭配、热量多少放在心上，似乎无论怎么吃，身体都能承受；精力充沛时，不惜吃老本，拼体力，可以挤掉吃饭时间，可以克扣睡眠，夜以继日地透支健康，对健康的潜力开发甚至是掠夺性的，如此等等。健康像水土一样，就这样被流失了，直到千疮百孔，满目疮痍，健康在他们看来，像廉价的消费品，被任意挥霍，直到捉襟见肘。

健康的体魄，乐观积极的心态，敏锐的反应是成就一切宏图伟业的基石，只有不断地投身于健康之旅，你的财富才会倍增，否则，一切将化为空中楼阁。

细想起来，健康比金子还要珍贵，因为健康很难再生或不可再生，一旦失去，再先进的高科技都无法使受损的机体恢复原来的状态，只能是"无可奈何花落去"，而金子却可以"千金散尽还复来"。

呵护健康，为幸福护航

但是不少人，包括高知阶层和白领，有一种十分有害的认识误区。认为青壮年正是精力充沛、大展宏图的好时期，应当把宝贵光阴都用在事业上，全然没有珍惜健康的观念。能吃能睡就是没病，有了症状坚持一下就顶过去了，结果病入膏肓时才如梦初醒，但是一切都已经晚了。誉满中外的科学家、事业鼎盛的企业家英年早逝已不是什么新闻了。国家痛失英才，家庭支离破碎，不幸应了中岛宏博士的一句预警："许多人不是死于疾病，而是死于无知。"

连大学里的教授学者，商海中的经理、白领竟然都死于对健康的无知，对自己生命的无知，足见我国健康教育的严重滞后和紧迫性。

一些人之所以饱尝壮志未酬的痛苦，就是因为他们不良的健康状况使生命之泉干枯。一个专注于工作、应酬，不懂休息、娱乐的人往往会在耗尽精力之后，使事业早趋衰落，因为他缺乏各种不同的精神刺激和生命的养料。调整劳逸关系，无论对于劳心者还是劳力者，都是十分有益的。"单调"是生命的摧残者，凡是成就大事业的人，往往不会整日整夜地埋头蛮干，而是懂得劳逸结合。

一个生活丰富的人往往懂得健康之道，把维护健康看作是生命的崇高责任。试想，一个不爱惜自己生命的人，又怎么会得到生命的报酬呢？只有充沛的生命力，才可以抵抗各种疾病，度过各种难关，迎接一个又一个的挑战。

"只工作不游戏，使得杰克成为一个笨孩子。"这句话是很有道理的。人类有着强烈的游戏本能，游戏也是生命的重要组成部分，它可以使人的身心趋丁健全，提高工作效率。

生命属于每个人只有一次，每个人都渴望在自己短暂的生命历程中将生命演绎得更辉煌。健康的身心是生命质量的可行保障，一个有一分天才的强壮者的成就，远远超过一个有十分天才的弱者。

♡ 给自己的心情放个假

给自己的心情放个假

第二次世界大战期间，丘吉尔新到北非蒙哥马利将军行辕去闲谈时，蒙哥马利将军说："我不喝酒，不抽烟，到晚上10点钟准时睡觉，所以我现在还是百分之百的健康。"邱却说："我刚巧跟你相反，既抽烟，又喝酒，而且从不准时睡觉，但我现在却是百分之二百的健康。"

很多人都认为怪事，以丘吉尔这样一位身负第二次世界大战重任，工作繁忙紧张的政治家，生活这样没有规律，何以寿登大耋，而且还百分之二百的健康呢？

只要稍加留意就可知道，他健康的关键，全在有恒的锻炼，轻松的心情。毫无疑问，丘吉尔既抽烟，又喝酒，且不准时睡觉，这些并不足为训。但是我们是否知道，丘吉尔即使在战事最紧张的周末还去游泳，在选战白热化的时候还去垂钓，而且他刚一下台就去画画，估计很多人也没见他那微皱起的嘴边上，斜插着一支雪茄的轻松心情吧！因此，我们不妨学着丘吉尔那样给自己的心情放个假吧！也许我们不可能完全做到丘吉尔的完美，但只要学到一半，就可以得到百分之百的健康。

让你心情轻松的六大要诀

在现实生活中，使自己的心情轻松的第一要诀是"知止"。"知止"而心定，定而后能静，静而后能安，心情还有什么不轻松的呢？

使心情轻松的第二要诀是"谋定而后动"。做任何事情，要先有周密的安排，安排既定，然后按部就班地去做，能应付自如，不会既忙且乱了。在这瞬息万变的社会里，当然免不了也会出现偶发的事件，此时更要沉住气，详细而镇定地安排。事事要谋定而后动，就一定向中国史书中的谢安那样在淝水之战最紧张的时刻还能闲情逸致地下棋了。

使心情轻松的第三要诀是不做不能胜任的事情。假如我们身兼数职，却顾此失彼，又有何快乐可言呢？或者用非所长，心有余而力不足，心情又怎么会轻松呢？

使心情轻松的第四要诀是"拿得起，放得下"。对任何事情都不可一天24个小时地念念不忘，寝于斯，食于斯。否则，不仅于身有害，而且于事无补。

使心情轻松的第五要诀是在轻松的心情下工作。工作尽可紧张，但心情仍须轻松。在我们肩负重担的时候，千万记住要哼几句轻松的歌曲。在我们写文章写累了的时候，不妨高歌一曲。要知道心情越紧张，工作越做不好。

一个口吃的人，在他悠闲自在地唱歌时，绝不会口吃；一个上台演讲就脸红的人，在与他爱人谈心时一定会娓娓动听。要想身体好，工作好，就一定要在轻松的心情下工作。

使心情轻松的第六要诀是多留出一些富裕的时间。好多使我们心情紧张的事，都因为时间短促，怕耽误事。若每一样事都多打出些时间来，就会从容不迫了。最好的办法就是永远把自用表拨快一个相当的时间。时时刻刻用表面上的时间警惕自己，如此则既不误事，又可轻松。

弦绷得太紧容易断，心情和精神长期处于紧张焦虑状态，体力再强的人身心也会出现异常。从长碌的工作中抽出一点时间休憩娱乐一下，放松一下心情，既有益健康，也有利于更好地工作。

💙 忙中偷闲，奏出优雅的生活乐章

忙碌中要学会偷闲

现代人兴忙，满世界就听到一个忙字。大人们忙赚钱，小孩子也同样身不得闲，就连离退休的爷爷奶奶辈也忙于发挥余热，或养身保健或吟诗作画。总之是祖国上下一片忙。

"革命尚未成功，同志仍须努力"，社会要发展，人类要进步，忙是自然要忙的。然而这绝不是人生的全部。人生不仅需要工作，也需要休息，不仅需要忙碌，也需要休闲。我们不能无休止地忙，人生如果没有休闲，就像一幅国画挤满了山水而不留一点空隙，缺乏美感。人生没有悠闲，就不能领悟、体味、享受人生。所以忙碌中要学会偷闲。

泰戈尔在《飞鸟集》中写道："休息之隶属于工作，正如眼睑之隶属于眼睛。"不会休息的人就不会工作，只有休息好了，才能更好地工作，才会有更好的生活。如果一味地、盲目地去忙，连革命的本钱都搞垮了，那人生也就没有忙的意义了。我们崇拜陈景润，但我们不赞成他那种不顾一切，废寝忘食，以致英年早逝的生存哲学。

人生就像登山，不是为了登山而登山，而应着重于攀登中的观赏、感受与互动，如果忽略了沿途风光，也就体会不到其中的乐趣。人们最美的理想、最大的希望便是过上幸福生活，而幸福生活是一个过程，不是忙碌一生后才能到达的一个顶点。

一张一弛，奏出舒缓优雅的乐章

古人云："一张一弛，乃文武之道。"人生也应该有张有弛，也应该忙中有闲。人生就像条弦，太松了，弹不出优美的乐曲；太紧了，容易断，只有松紧合适，才能奏出舒缓优雅的乐章。

俗话说："磨刀不误砍柴工。"悠闲与工作并不矛盾。处理好二者的关系，最重要的是能拿得起，放得下。工作时就全身心投入，高效运转。放松时就放松，把工作完全放在一边，不要总是牵肠挂肚。

其次就是工作休闲应该搭配得当，不能忙时累个半死，闲时又闲得让人受不了。可以隔三差五地安排一个小节目，比如雨中散步、周末郊游等。适时地忙里偷闲，可以让人适时从烦躁、疲惫中及时摆脱，为了更好地工作而积蓄精力。

总之，为了更好地工作，为了美好的生活，我们一定要学会忙里偷闲，有时休息比工作更有效。

踏上人生的旅程之后，我们要努力从枷锁中释放自己、善待自己，年轻的岁月很容易流失，而未来的道路却依然漫长，只要我们适时休息一下，我们以后的人生一定会更精彩无比！

♡ 活出幸福人生的悠闲姿态

给身心一个释放压力的机会

在一个美丽的海滩上，有一位不知从哪里来的老翁，每天坐在固定的一块礁石上垂钓。无论运气怎么样，钓多钓少，两小时的时间一到，便收起钓具，扬长而去。

老人的古怪行动引起了商人的好奇。

商人忍不住问："当你运气好的时候，为什么不一鼓作气钓上一天？这样一来，就可以满载而归了！"

"钓更多的鱼用来干什么？"老者平淡地反问。

"可以卖钱呀！"商人觉得老者傻得可爱。

"得了钱用来干什么？"老者仍平淡地问。

"你可以买一张网，捕更多的鱼，卖更多的钱。"商人迫不及待地说。

"卖更多的钱来干什么？"老者还是那副无所谓的神态。

"买一条渔船，出海去，捕更多的鱼，再赚更多的钱。"商人认为有必要给老者订一个规划。

"赚了钱再干什么？"老者仍显出那副无所谓的样子。

"组织一支船队，赚更多的钱。"商人心里直笑老者的愚钝不化。

"赚了更多的钱再干什么？"老者已准备收竿了。

"开一家远洋公司，不光捕鱼，而且运货，浩浩荡荡地出入世界各大港口，赚更多的钱。"商人眉飞色舞地描述道。

"赚了更多的钱还干什么？"老者的口吻已经明显地带着嘲弄的意味。

商人被这位老者激怒了，没想到自己反倒成了被问者。"你不赚钱又干什么？"

老人笑了："我每天钓上两小时的鱼，其余的时间嘛，我可以看看朝霞，欣赏落日，种种花草蔬菜，会会亲戚朋友，优哉游哉，更多的钱于我何用？"说话间，已打点行装走了。

老者以一种悠闲的心态在海滩上垂钓，观朝霞，赏日落，这是多么令人神往的人生境界啊！喧嚣的都市，繁忙的工作，给我们造成了太多太多的心理压力，那么，我们何不让自己像那位老者，给自己的身心一个释放压力的机会呢？

活出幸福人生的悠闲姿态

其实，悠闲是生命本身的一种自然状态。悠闲无法刻意去创造，而要靠心去感受。工作之余，偕三五知己一起去公园散步，有的人可以忘情无极，优哉游哉，不知身躯和灵魂之所在，不知不觉地坠入了悠闲的境界；而有些人虽然一心想悠闲起来，但几点几分还有什么事情要处理的念头会不时冒出来，挥之不去，他是无论如何也悠闲不起来的。所以，悠闲是一种心灵境界。

悠闲也是一种人文品位，但悠闲更是一种生态品位。茶余饭后，老农躺在院坪的竹椅上，"吧吧"地吸着烟，什么也不想，什么也不做，任微笑照亮满脸铜釉般的慈祥；信步由足，樵夫和着扁担的节奏，自由散漫地唱着古老的情歌，你能说这不是悠闲？人文品位通向生态品位，悠闲的状态进入更高的境界。悠闲是全人类的财富，但不是人人能够拥有的财富。

因此，悠闲无法做作。游手好闲与悠闲无关，无所事事也不是悠闲。如果把无所事事比喻为空旷萧瑟的原野，悠闲则是风光旖旎的自然旅行区。容易学到游手好闲，可以装作无所事事，但却装不了悠闲。

人，不能一生悠闲，也不能一生没有悠闲。悠闲是对生命状态，自身过重压力的一种调整，我们每个人都需要这种调整。

人 生 很 短 ， 别 在 错 过 中 一 错 再 错

PART 5

幸福就是做自己，走自己的路看自己的景

有人说："别人的东西比我的好。"

有人说："别人的运气比我的好。"

我们容易沉浸在对他人的羡慕中，因而陷入苦闷的深渊。

其实，幸福对于我们来说，无时不在，无时不有。

不要只一味地艳羡别人，珍惜你的拥有就是幸福。

懂得把欣赏的目光停留在你拥有的一切上，

你会发现你拥有着世界上最美妙的宝物、最真实的幸福。

🫶 幸福靠自己，命运我做主

超越自我，才能成为命运的主人

很多人一旦在前进的道路上遭遇困难、碰到挫折、面临逆境、身处不幸之时，也总是抱怨自己的命运，嗟叹自己的命运是如此的多舛，从而轻易把自己的失败归责于他人，把成功的希望寄托在他人身上，把命运的改变希冀于上帝的垂青。

每个人对自己都是有所了解的，只不过有的人了解得比较清楚，有的人却从未认真想过，还不太清楚。有的人过高地估计了对自己的认识，而有的人却总是看低自己的能力。对自己命运的掌握，全在于对自己的了解上，这就是说要知命。

可是偏偏就有那么一种人，对自己的命运越了解，越是清楚，反而越是相信在冥冥之中有个东西在主宰自己的命运，认为自己现在所拥有的一切都是上天安排好的，是上天注定的。于是放弃抗争的努力，让很多能改变自己命运的机会从身边白白溜走。不去做主观努力，只知一味地等待，看到一只兔子撞死在树桩上，就一辈子守在树桩旁，从未想过还可以离开树桩到其他地方去捉兔子。

做人不应该是这个样子。做人就应该乐天知命，知命而不信命。人的命运是可以改变的。历史前进的步伐就是由那些从不相信命运，从不向命运低头服输的人引领着的。昔日，陈胜、吴广高喊"王侯将相宁有种乎"，首先向自己的命运进行了抗争。做人更应该这样，更应该经常向自己发问："难道我就是这个样子，不能改变吗？"人对人的超越，最主要的是对自我的超越。只有超越自我，才能改变自己的命运，才能成为自己命运的主人。

命运由我做主，幸福在于自己去寻求

我们有权力决定生活中该做什么，不能由别人来代做决定，更不能让别人来左右我们的意志，而自己却成了傀儡。

其实，只有自己最了解自己，别人并不见得比自己高明多少，也不会比自己更了解自身实力，只有自己的决定才是最好的。从现在起，做自己的主人，不要让别人来控制了你。

达尔文当年决定弃医从文时，遭到父亲的严厉斥责，说他是不务正业，整天只知道打猎捉耗子。在他的自传上写着："所有的老师和长辈都说我资质平庸，我与聪明是沾不上边的。"而就是这样一个不务正业、与聪明不沾边的人，却成了生物进化论的发现者。

我们应该做命运的主人，不能任由命运摆布自己。当我们面对生活中不可避免的挫折、困难、病痛时，如果被打败，让这些生活的绊脚石主宰了自己，整天专注于病痛的折磨上，使自己的日子只有痛苦，而没有快乐，那便是丧失了自我。真正的命运的主人，是能够战胜病痛的，是不会向命运屈服的。像达芬奇、莫扎特、梵高等，都是我们的榜样，他们生前都没有受到命运的公平待遇，但他们没有屈服于命运，没有向命运低头，他们向命运发出了挑战，最终战胜了它，成了自己的主人，成了命运的主宰。

命运由我做主，幸福在于自己去寻求，无论身处逆境、顺境或是佳境，时刻以一种乐天知命而不信命的态度超越自己，去做自己命运的主人。

♥ 保持做人的本色，拥有真实的幸福

心性一旦迷失，幸福就会远去

现代社会是快节奏的。你在大街上看到的每一个人，都是行色匆匆，似乎有永远做不完的事，整天都是忙忙碌碌的。如果你走上前去，随意问一个从你身旁擦肩而过的行人：你活在你真实的生命里吗？对方给你的也许是一脸的茫然。在商品经济大潮裹挟之下，许多人失去了真实的自我。

当儒雅的学者离开大学讲堂到潮起潮落的商海里去搏击时，当富于激情的诗人丢下自己的笔沉浸于股市行情的跌宕起伏时，你不禁要问：他们快乐吗？他们幸福吗？他们有自己的归属感吗？当他向你呈上缀着一大堆各种各样的头衔的名片时，你是羡慕他的成就，还是遗憾他的缺失？

一位作家讲了这样一件事：

一天，他到一所寺庙里去吃了一次斋饭。席间，他问僧人寺庙的斋饭为何这般清淡？为什么不多放一些佐料？为什么不把油盐放重一些呢？这位老僧指着桌上的一盘青菜笑着说：世上人人都吃青菜，可是又有几个人能品尝出青菜的味道。要想品出青菜的味道，只要将其洗净放在清水里煮便可，这样我们吸取的才是青菜真正本色的营养。而世人席间所吃的青菜，看似做法讲究，五味调和，味道鲜美，其实，他们尝的不过是青菜的佐料的味道而已，满意的不过是厨师的精湛的技术而已，

至于青菜的味道和营养，他们并没有品尝到。

老者的一席话，道出了我们生活中时时处处所疏忽和遗忘的本色。是啊！在如今这个复杂多变的社会中，人人为了保护自己，都刻意地给自己加点"佐料"，粉饰自身。虽然这是一种自我保护的需要，然而，正因为人人都戴着面具，我们正渐渐地失去做人真实的一面，很难体会到真实给我们带来的美，难以感受到真实给我们带来的幸福。

真实地做人，才能获得真实的幸福

真实是保持做人本色的本真体现，做人就应该讲究真实。真实是难得之美。当我们与自己内心和谐一致的时候，当我们与同样真诚直率的人在一起的时候，我们觉得自己是真实的。真实就像循环的能量一样帮助我们充满活力。在儿童故事《棉绒兔子》里，玩具兔子问道：什么是真实？玩具皮马给它解释说，真实就是自然发生在你身上的事。

除去面具，回想你觉得自己"真实"的时刻。想一想你有哪些尖利的、脆弱的，或者需要小心保存的地方。你是不是很容易发火、受惊或者期望别人按照你的意愿做事？改变这些行为的一个办法是把它们说出来。我们不一定要做完人；相反，承认自己的不足可以使我们更加真实，也更容易建立亲密关系。

保持做人的本色，就是不要丢掉自己真实的一面，用你真实的一面去体察，你就能够透过肤浅的表象，看到一个人的实质。

一个人最为看重的幸福和成功只能从自己生命的本色里去获得。富翁看重金子，而本分的庄稼人却看重脚下那片拴紧他们灵魂的土地，因为他们深信"泥土里面有黄金"。

失去本色的人生是灰色的、无光泽的人生，做人就应该保持自己的本色。

♡ 不要活在他人的价值观里

在意别人的眼光，你会活得很痛苦

生活中的我们常常很在意自己在别人的眼里究竟是一个什么样的形象，因此，为了给他人留下一个比较好的印象，我们总是事事都要争取做得最好，时时都要显得比别人高明。在这种心理的驱使下，人们往往把自己推上一个永不停歇的痛苦的人生轨道上。

事实上，人生活在这个世界上，并不是一定要压倒他人，也不是为了他人而活。人活在世界上，所追求的应当是自我价值的实现以及对自我的珍惜。不过值得注意的是，一个人是否能实现自我并不在于他比其他人优秀多少，而在于他在精神上能否得到幸福的满足。只要你能够得到他人所没有的幸福，那么即使表现得不高明也没有什么。在这方面，珍妮做得非常好。

有一天下午，珍妮正在弹钢琴时，7岁的儿子走了进来。他听了一会儿说："妈，你弹得不怎么高明吧？"

不错，是不怎么高明。任何认真学琴的人听到她的演奏都会退避三舍，不过珍妮并不在乎。多年来珍妮一直这样不高明地弹，弹得很高兴。

珍妮也喜欢不高明的歌唱和不高明的绘画。从前还自得其乐于不高明的缝纫，后来做久了终于做得不错。珍妮在这些方面的能力不强，但她不以为耻。因为她不是为他人而活，她认为自己有一两样东西做得不错，其实，任何人能够有一两样东西做得不错就应该够了。

假定你确实希冀从他人那儿得到认可，更进一步假定得到这种认可是一种健康的目标，脑子里装满这种假定后，你就会想到，实现你的目标的最好最有效的途径是什么呢？在回答这一问题之前，你的脑子里就会想象你的生命中有这样一个似乎获得了大多数人认可的人。这个人是一个什么样的人呢？他怎样行事呢？他吸引每个人的魅力何在呢？你的脑中这个人的形象也许就是一个坦率、不转弯抹角的人，也许就是一个不轻易苟同他人意见的人，也许就是一个实现了自我的人。不过，出乎意料的是，他极少或没有时间去寻求他人的认可。他很可能就是一个不顾后果实话实说的人。他也许认为策略和手腕都不如诚实正直重要。他不是一个容易受伤的人，而是一个没有时间去想那些巧舌如簧和将话说得很有分寸之类的雕虫小技的人。

这难道不是一个嘲讽吗？似乎得到了生命中最多认可的人却是从不为他人而活的人。

幸福无须寻求他人的认可

下面的这则寓言也许很能说明问题，因为幸福无须寻求他人的认可。

一只大猫看到一只小猫在追逐它自己的尾巴，于是问："你为什么要追逐你自己的尾巴呢？"小猫回答说："我了解到，对一只猫来说，最好的东西便是幸福，而幸福就是我的尾巴。因此，我追逐我的尾巴，一旦我追逐到了它，我就会拥有幸福。"大猫说："我的孩子，我曾经也注意到宇宙的这些问题。我曾经也认为幸福在尾巴上。但是，我注意到，无论我什么时候去追逐，它总是逃离我，但当我从事我的事业时，无论我去哪里，它似乎都会跟在我后面。"

获得幸福的最有效的方式就是不为别人而活，就是避免去追逐它，就是不向每个人去要求它。通过和你自己紧紧相连，通过把你积极的自我形象当做你的顾问，通过这些，你就能得到更多的认可。

当然，你绝不可能让每个人都同意或认可你所做的每一件事，但是，一旦你认为自己有价值，值得重视，那么，即使你没有得到他人的认可，你也绝不会感到沮丧。

如果你追求的幸福是处处参照他人的模式，那么你的一生都会悲惨地活在他人的价值观里。幸福的人生，就是拥有自己的正确人生价值观，按自己的价值观生活。

♡ 走自己的路，让别人去说吧

选定了目标，就不要理会别人的冷嘲热讽

我国南朝时有名的唯物主义哲学家和无神论者范缜做了尚书殿中郎，并做了竟陵王萧子良的宾客。萧子良相信佛教，但范缜却不信。萧子良问他："你不相信因果报应，那么，为什么有的人富贵，有的人贫贱呢？"范缜回答说："人生好比树上的花，同时开放，随风飘落，有的吹到厅堂座席上面，有的落到墙外粪坑中间。吹到座席上的就像你，吹到粪坑中的就像我，贵贱虽不相同，其本质是一样的。因果又在哪里呢？"

范缜的《神灭论》问世后，朝野喧哗，于是萧子良召集一些高僧和文士，同他辩论，都不能取胜。萧子良派王融去对他说："《神灭论》的道理是错误的，你坚持这种说法，恐怕对你不利，像你这样的才能，还怕做不到中书郎那样的高官吗？你何必坚持，还是放弃这种说法吧。"范缜大笑说："假如范缜卖论取官，早就做到尚书或左、右仆射了，岂止做一个中书郎呢？"

我们活在世上，不能没有做人的尊严，不能不顾及自己的身份和名誉，不能让强烈的虚荣心占据自己。正如徐悲鸿所说："人不可有傲气，但不可无傲骨。"选定了目标，就不要理会别人的冷嘲热讽。

走自己的路，坚持自己的生存方式

当我们在生活中迷惘的时候，我们首先做的不应当是讨论生活本身

的公平与否，讨论自己的机遇好坏与否，我们这个时候最应当做的是研究自己，从而认识自己，真正了解自己的内心世界，了解自己的信念并且坚定自己的信念。客观地认识自己，知道自己的长处，找到自己的发展方向，走一条适合自己的路，这对于我们的成功，有着事半功倍的效果。

在认清了自己、认清了别人、认清了环境、认清了客观条件之后，就要坚定地走自己的路，朝着既定的目标勇敢前进，就要"咬定青山不放松"，不要因为一些外在的因素而放弃。不仅要有明确的目标，而且要目标坚定，不为别事所动。在当今光怪陆离的商品社会中，就是坚持自己的节操，维持自己高贵的人品，甘于寂寞和宁静，不为锦衣玉食、高官厚禄所动，而是淡泊明志，为自己的崇高理想而努力奋斗，坚持自己的生存方式。

如果我们在一个不擅长的方面辛苦拼搏，成效可能不会很大，甚至无功而返。要掌控你的生活，只有读懂自己，全面接纳自己，才能读懂生活。

♡ 幸福在于做自己喜欢做的事

做自己喜欢的事的人是幸福的

励志大师卡耐基曾经说："对自己的工作感兴趣，可以将你的思想从忧虑中移开，最后，还可能带来晋升和加薪。即使不能这样，也可以把疲乏减至最低，并帮助你享受自己的闲暇时光。"兴趣是最好的老师，快乐的秘诀，就是要做自己喜欢做的事。做自己喜欢做的事，能够让自己充满热情，使自己更加充实，增进整体生命的品质。只有饱含热情、心情愉快地工作，才不会有疲惫感，才会乐此不疲。愉快、欢笑可以解除紧张与疲劳。

有人说工作实在是很辛苦，但当你全神贯注于自己喜欢的工作时，你会感到那是在享受，而不是在受苦。如果能够对工作保持热忱的态度，能够微笑着面对自己从事的一切，那工作和休闲还有什么区别呢？爱迪生整天没日没夜地在实验室工作，有人问他天天这样工作累不累，谁知他颇为惊讶地说："我这辈子一天都没有工作过！""压力之父"塞叶博士曾经说，尽管他每天从早晨五点工作到深夜，但他认为自己这辈子从未做过一件工作，自己整天都在"游玩"。因为对他而言，从事自己喜欢的研究就是游戏。布洛斯说："大部分人甚至无法想象，做自己真正喜爱的工作会有多快乐。一个人如果有一份投合兴趣的工作，有可以让他全心投入的职业，他生命中的力量便可找到充分的出口而发挥作用。这样的人是幸福的。"

在你最感兴趣的事物上，隐藏着幸福的秘密

兴趣不仅可以让人感到工作的快乐，减轻疲惫感，兴趣也是事业成功的助推剂。人生快乐幸福莫过于在工作上取得成就，而最大的快乐莫过于在自己喜欢的工作上取得成就。当一个人为自己感兴趣的事情付出，而不顾一切时，他获得成功的机会更大。从来没有听说过一个人在自己不喜欢的领域做出什么惊天动地的成绩的。正如华德·迪士尼所说："一个人除非做自己喜欢的事，否则就很难有所成就，要想快乐也就更难。"

美国内华达州的一所中学曾经在入学考试时出过这样一道题目：比尔·盖茨的办公桌上有5只带锁的抽屉，里面分别装着财富、兴趣、幸福、荣誉、成功。比尔·盖茨总是只带一把钥匙，而把其他的四把锁在抽屉里，请问他每次只带哪一把钥匙？其他的4把锁在哪一只或哪几只抽屉里面？有一位聪明的同学在美国麦迪逊中学的网页上面看到了比尔·盖茨给该校的回信，信上写着这样一句话："在你最感兴趣的事物上，隐藏着你人生的秘密"。

无疑，这便是问题的正确答案。

做自己喜欢做的事，能使人忘却悲哀和劳累，获得平和充实的幸福感；做自己喜欢做的事，是疲劳的减压阀，是迈入成功殿堂的捷径。

♡ 走自己的路，满足自己对美的渴求

走自己的路，不被别人的评论所左右

这个世界上最难做的不是别人恰恰是自己，只有走自己的路才能取得真正意义上的成功。

贝多芬学拉小提琴时，技术并不高明，他宁可拉他自己作的曲子，也不肯做技巧上的改善，他的老师说他绝不是个当作曲家的料。

发表《进化论》的达尔文当年决定放弃行医时，遭到父亲的斥责："你放着正经事不干，整天只管打猎、捉狗捉耗子的。"另外，达尔文在自传上透露："小时候，所有的老师和长辈都认为我资质平庸，我与聪明是沾不上边的。"

沃特·迪斯尼当年被报社主编以缺乏创意的理由开除，建立迪斯尼乐园前也曾破产好几次。

爱因斯坦4岁才会说话，7岁才会认字。老师给他的评语是："反应迟钝，不合群，满脑袋不切实际的幻想。"他曾遭到退学的命运。

法国化学家巴斯德在读大学时表现并不突出，他的化学成绩在22人中排第15名。

牛顿在小学的成绩一团糟，曾被老师和同学称为"呆子"。

罗丹的父亲曾怨叹自己有个白痴儿子，在众人眼中，他曾是个前途无"亮"的学生，艺术学院考了三次还考不进去。他的叔叔曾绝望地说："孺子不可教也。"

《战争与和平》的作者托尔斯泰读大学时因成绩太差而被劝退学。老师认为他："既没读书的头脑，又缺乏学习的兴趣。"

如果这些人不是"走自己的路"，而是被别人的评论所左右，怎么能取得举世瞩目的成绩？

唱出自己的声音，活出自己的姿态

人生的成功自然包含有功成名就的意思，但是，这并不意味着你只有做出了举世无双的事业，才算得上成功。世界上永远没有绝对的第一。看过马拉多纳踢球的人，还想一身臭汗地在足球队里混吗？听过帕瓦罗蒂的歌声的人，还想修练美声唱法吗？——其实，如果总是担心自己比不上别人，只想功成名就，那么世界上也就没有曹雪芹、帕瓦罗蒂、马拉多纳这类人了。

俄国作家契诃夫说得好："有大狗，也有小狗。小狗不该因为大狗的存在而心慌意乱。所有的狗都应当叫，就让它们各自用自己的声音叫好了。"

小狗也要大声叫！实际上，追求一种充实有益的生活，其本质并不是竞争性的，并不是把夺取第一看得高于一切，它只是个人对自我发展、自我完善和美好幸福的生活的追求。那些每天一早来到公园练武打拳、练健美操、跳迪斯科的人，那些只要有空就练习书法绘画、设计剪裁服装和唱戏奏乐的人，根本不在意别人对他们姿态和成果评头论足，也不会因没人叫好或有人挑剔就停止练习、情绪消沉。他们的主要目的不在于当众展示、参赛获奖，而是自得其乐、自有收益，满足自己对生活美和艺术美的渴求。

真正成功幸福的人生，不在于成就的大小，而在于你是否努力地去实现自我，喊出属于自己的声音，走出属于自己的道路。

不依靠别人，凭自己的力量前行

靠自己活着，幸福要靠自己去争取

松下幸之助曾经说过这样一段话："狮子故意把自己的小狮子推到深谷，让它从危险中挣扎求生，这个气魄太大了。虽然这种作风太严格，然而，在这种严格的考验之下，小狮子在以后的生命过程中才不会泄气。在一次又一次地跌落山涧之后，它拼命地、认真地、一步步地爬起来。它自己从深谷爬起来的时候，才会体会到'不依靠别人，凭自己的力量前进'的可贵。狮子的雄壮，便是这样养成的。"

美国石油家族的老洛克菲勒，有一次带他的小孙子爬梯子玩，可当小孙子爬到不高不矮（不至于摔伤）的高度时，他原本扶着孙子的双手立即松开了，于是小孙子就滚了下来。这不是洛克菲勒的失手，更不是他在恶作剧，而是要小孙子的幼小心灵感受到做什么事都要靠自己，就是连亲爷爷的帮助有时也是靠不住的。

人，要靠自己活着，而且必须靠自己活着，在人生的不同阶段，尽力达到理应达到的自立水平，拥有与之相适应的自立精神。这是当代人立足社会的根本基础，也是形成自身"生存支援系统"的基石，因为缺乏独立自主个性和自立能力的人，连自己都管不了，还能谈发展成功吗？即使你的家庭环境所提供的"先赋地位"是高于常人，你也必得先降到凡尘大地，从头爬起，以平生之力练就自立自行的能力。因为不管怎样你终将独自步入社会，参与竞争，你会遭遇到远比学习生活要复杂得多的生存环境，随时都可能出现或面对你无法预料的难题与处境。你不可能随时动用你的"生存支援系统"，而是必须得靠顽强的自立精神克服困难，坚持前进！

因此，我们要做生活的主角，要做生活的编导，而不要让自己成为一个生活的观众。

善于驾驭自我命运的人，是最幸福的人

要驾驭命运，从近处说，要自主地选择学校，选择书本，选择朋友，选择服饰。从远处看，则要不被种种因素制约，自主地选择自己的事业、爱情和崇高的精神追求。

你应该掌握前进的方向，把握住目标，让目标似灯塔在高远处闪光；你得独立思考，独抒己见。你得有自己的主见，懂得自己解决自己的问题。你不应相信有什么救世主，不该信奉什么神仙和皇帝，你的品格、你的作为，就是你自己的产物。

相信自己创造自己，永远比证明自己重要得多。你无疑要在骚动的、多变的世界面前，打出自己的牌，勇敢地亮出你自己。你应该果断地、毫不顾忌地向世人宣告并展示你的能力、你的风采、你的气度、你的才智。

自主的人，能傲立于世，能力拔群雄，能开拓自己的天地，得到他人的认同。勇于驾驭自己的命运，学会控制自己，规范自己的情感，善于布局好自己的精力，自主地对待求学、择业、择友，这是成功和幸福的要义。

在生活道路上，必须善于做出抉择，不要总是让别人推着走，不要总是听凭他人摆布，而要勇于驾驭自己的命运，调控自己的情感，做自我的主宰，做命运的主人。善于驾驭自我命运的人，是最幸福的人。

♡ 人生路上，你要为自己喝彩

我们需要他人的掌声，更需要自己的掌声

有一位美国作家，他是靠着为报社写稿维持生活的。他给自己定了一个目标，每周必须完成两万字。达到了这一目标，就到附近的餐馆饱餐一顿作为对自己的奖赏；超过了这一目标，还可以安排自己去海滨度周末，在海滩大声为自己鼓掌、喝彩。于是，在海滨的沙滩上，常常可以见到他自得其乐的身影。

作家劳伦斯·彼德曾经这样评价一些著名歌手：为什么许多名噪一时的歌手最后以悲剧结束一生？究其原因，就是因为，在舞台上他们永远需要观众的掌声来肯定自己，需要别人为自己喝彩。但是由于他们从来不曾听到过来自自己的掌声和喝彩声，所以一旦下台，进入自己的卧室时，便会备觉凄凉，觉得听众把自己抛弃了。他的这一剖析，确实非常深刻，也值得深省。

我们鼓励所有人给自己鼓掌，为自己喝彩，绝不是叫他自我陶醉，而是为了让他强化自己的信念和自信心，正确地评估自己的能力。

恰当地自己为自己喝彩，增强成功和幸福感

当我们取得了成就，做出了成绩或朝着自己的目标不断前进的时候，千万别忘了给自己鼓掌，为自己喝彩。当我们对自己说"你干得好极了"或"真是一个好主意"时，我们的内心一定会被这种内在的诠释

所激励。而这种成功途中的欢乐，确实是很值得我们去细细品味的。

人生本来就需要得到鼓励和赞扬。许多人做出了成绩，往往期待着别人来赞许。其实光靠别人的赞许还是不够的，何况别人的赞许会受到各种外在条件的制约，难以符合我们的实际情况或满足我们真正的期盼。如果要克服自卑感，增强自己的自信心和成功信念，那么就不妨花些时间，恰当地自己为自己喝彩。

一个不信任自己的人，一个悲观处世的人，一个只是把自己的成果当做侥幸的人，不可能成为成功者，也不可能获得幸福感。生活中，一个成功者善于爱护和不断地培育自己的自信心，懂得如何"给自己鼓掌"。

♡ 与其羡慕别人，不如珍惜自己

不必羡慕别人的花园，你也有自己的乐土

不必羡慕别人的美丽花园，因为你也有自己的乐土，也许你的花不如别人的漂亮名贵，但是你的花可能给人类提供更多观赏以外的价值，这便是别人的花没有的优势。

一位挑水夫，有两个水桶，分别吊在扁担的两头，其中一个水桶有裂缝，另一个则完好无缺。在每趟长途的挑运之后，完好无缺的水桶，总是能将满满一桶水从溪边送到主人家中，但是有裂缝的水桶到达主人家时，却只剩下半桶水。

两年来，挑水夫就这样每天挑一桶半的水到主人家。当然好水桶对自己能够送整桶水很感自豪。破水桶呢？对于自己的缺陷则感到非常羞愧，它为自己只能负起责任的一半感到非常难过，它特别羡慕好水桶的完整。

它终于忍不住了，在小溪旁对挑水夫说："我很惭愧，必须向你道歉。""为什么呢？"挑水夫问道，"你为什么觉得惭愧？"

"过去两年，因为水从我这边一路地漏，我只能送半桶水到你主人家，我的缺陷，使你做了全部的工作，却只收到一半的成果。"破水桶说。挑水夫替破水桶感到难过，他说："我们回主人家的路上，我要你留意路旁盛开的花朵。"

果真，他们走在山坡上，破水桶眼前一亮，看到缤纷的花朵开满路

的一旁，沐浴在温暖的阳光之下，这景象使它开心许多！但是，走到小路的尽头，它又难受了，因为一半的水又在路上漏掉了！破水桶再次向挑水夫道歉，挑水夫说："你有没有注意到小路两旁，只有你的那一边有花，好水桶的那一边却没有开花呢？我明白你有缺陷，因此我善加利用，在你那边的路旁撒了花种，每回我从溪边回来，你就替我浇了一路花！"

"两年来，这些美丽的花朵装饰了主人的餐桌。如果你不是这个样子，主人桌上也没有这么好看的花朵了！"

命运赐给我们欢乐和机遇，同时也给了我们缺憾与苦难，我们没有必要怨天尤人，更不必以偏概全、畏缩自卑。用豁达、宽容的态度对待生活，就会减少许多无奈与烦恼，多一些欢乐与阳光。惟有如此，才能做命运的主人。

只有懂得羡慕自己的人，才是真正值得羡慕的人

每个人都有自己存在的价值，你羡慕别人的生活比你快乐吗？你认为他的日子过得比你好吗？然而，你看过他们生活中的另一面吗？

在河的两岸，分别住着一个和尚与一个农夫。

和尚每天看着农夫日出而作，日落而息，生活看起来非常充实，令他相当羡慕。而农夫也在对岸，看见和尚每天都是无忧无虑地诵经、敲钟，生活十分轻松，令他非常向往。因此，在他们的心中产生了一个共同念头："真想到对岸去！换个新生活！"

有一天，他们碰巧见面了，两人商谈一番，并达成交换身份的协议，农夫变成和尚，而和尚则变成农夫。

当农夫来到和尚的生活环境后，这才发现，和尚的日子一点也不好过，那种敲钟、诵经的工作，看起来很悠闲，事实上却非常烦琐，每个步骤都不能遗漏。更重要的是，僧侣刻板单调的生活非常枯燥乏味，虽

然悠闲，却让他觉得无所适从。

于是，成为和尚的农夫，每天敲钟、诵经之余都坐在岸边，羡慕地看着在彼岸快乐工作的其他农夫。

至于做了农夫的和尚，重返尘世后，痛苦比那位农夫还要多。每天都要面对俗世的烦忧、辛劳与困惑，让他非常怀念当和尚的日子。

因而他也和农夫一样，每天坐在岸边，羡慕地看着对岸步履缓慢的其他和尚，并静静地聆听彼岸传来的诵经声。

这时，在他们的心中，同时响起了另一个声音："回去吧！那里才是真正适合我们的生活！"

不必羡慕别人的笑容，那也许只是苦中作乐或是强颜欢笑。我们总是习惯于羡慕别人，但很少有人想到羡慕自己。也许，只有懂得羡慕自己的人，才是真正值得羡慕的人。

一个人来到这个世界上总有许多值得别人羡慕的地方，即使处在人生的低潮亦然如此。比如我们现在的学习非常累，但我们为了理想而奋斗，生活很充实；一个人事业受挫了，但他还有成功的机会；一个人下岗了，但他还有健康的体魄，一切可以从头开始。和那些更不幸的人相比，这一切太值得羡慕了，也太应该珍惜了。

上帝是公平的，给予每一个人的欢乐与痛苦都与他的付出成正比。有时我们所拥有的，别人不一定拥有，每个人有他自己的长处，每个人也都有他自身的不足，所以，不要去盲目地羡慕别人，而应多看看自己拥有的，幸福和快乐才会永远伴随着你。

♥ 适合你自己的，才是幸福的生活

只有适合你的才是最好的

每个人都要记住：想要过什么样的生活是要你自己去选择的，不可"人云亦云"，盲目跟随，只有适合你的才是最好的，尽管你会因此而失去一些东西，但你得到的更多。

杜尚，就是在《蒙娜丽莎》的脸上画了两撇小胡子的法国艺术家。

他让全世界的人目瞪口呆。当时有许多人都斥责他，竟敢对这幅传世经典名画大不恭敬，但谁也没有想到，他的艺术思想就此统治了我们的艺术史。

杜尚说："一个人的生活没有必要负担太重，或者做太多的事情，不一定要有老婆、孩子、别墅、汽车。我认识到这一点的时候还相当年轻，这是我的幸运，这使得我在很长的一段时间里过着单身汉的生活。这样一来，我比那些按部就班、娶妻生子的人生活得要轻松许多。从根本上说，这是我的生活原则，所以我觉得自己很幸福，几乎没生过气，而且可以去从事自己一直喜欢的绘画。"

现在他不仅生活得很快乐，而且在绘画和艺术设计方面取得了不错的成绩。

世界上有且只有一个人能够左右你的成败，这个人就是你自己。只有你自己，才能真正支持你迈向成功幸福之路。

在适合自己的事业上找到成就感和幸福感

要想活得快乐一些，轻松一些，就必须改变凡事一定要坚持到底的说法，尤其是要摆脱一些你所厌恶的事情和工作。

首先，让自己冷静下来，静静思考一下自己的爱好和特长，自己最希望在哪个行业有所建树，自己在什么方面即使努力也会徒劳无功。

当想清楚之后，就勇敢地取舍，把握自己，将全部的热情和精力投入到你所热爱的事业上去。

一个人从事他所热爱的事业，他的内心一定是快乐无比的，最终仅会获得成就感，也能拥有幸福感。

适合的才是最好的，只有适合自己的生活，才是幸福的生活。

人 生 很 短 ， 别 在 错 过 中 一 错 再 错

PART 6

因为简单所以幸福，把平常日子过成一首诗

简单是一种美，是一种朴实且散发着灵魂香味的美。

简单不是粗陋，不是做作，而是一种真正的大彻大悟之后的升华。

粗茶淡饭是幸福，家庭和睦是幸福，健康平安是幸福，

幸福原来如此的简单，简单到俯拾即是、无处不在。

幸福是平静的心，是朴素的禅，是你在平实的人生旅途中珍藏的温馨细节。

简单做人，简单生活，跟着感觉走，用快乐的心情享受幸福的生活。

♡ 幸福拒绝奢华，幸福的颜色很朴素

最朴素的生活中有着最真实的幸福

关于幸福，不同的人有不同的理解。有人说，幸福是衣食无忧、安逸平静的生活；有人说，幸福是能实现自己的梦想，获得成功；也有人说，幸福就是拥有甜蜜爱情；还有的人说，幸福就是把自己的工作做好；幸福就是拥有一些熟悉、不需客套的朋友，能够相互分担、分享彼此的烦恼、快乐；幸福就是拥有一个舒适的工作间，书架上列满各式各样我所喜欢、对我有助益、启发的书，笔筒里都是我珍爱的文具，四周有绿色植物芳香围绕，还有一把坐再久都能觉得舒适的座椅；幸福就是冬天泡个热水澡，夏天与家人品尝冰西瓜；幸福是拥有相互了解的人生伴侣，拥有身心的平和与宁静……

是啊，有时，幸福的涵盖内容太多了，它包括物质、精神的方方面面，难以苛求；

有时，幸福的概念又是多么单纯，只要有一杯清茶或片刻的心情愉悦，就已足够。

一个欲离婚的女子厌烦了现有的琐碎生活，但她一直对其外祖母的幸福和谐生活充满好奇。有一天，她终于忍不住打开了外祖母的日记，原来里面记录着外公为她洗了多少衣服，吻过她多少次，洗过多少次脚……

原来生活中的琐碎小事便是幸福的源泉。

生活中原来时时刻刻充满了幸福，这幸福来自于生活的细微末节，只有用心去品味，幸福同样可观、可闻、可吃、可品。

幸福不在别处，就在你身边

如果你是一个悲观的人，那么幸福对你而言就太陌生了。早晨家人叫你起来享受美好舒心的空气，分享幸福，你会觉得"早晨"天天有，何必这样珍惜，可当你重病在身，想享受早晨的美好时，早已力不从心，你会发现你放走了一个幸福；工作时出色完成任务，受到大家的赞赏，而你却不以为然，认为自己还能完成更出色的任务，可你太高估自己、一味追求更高，导致以后无所作为，你才会想起自己以前愚蠢的想法，会发现你又放走了一个幸福。

也许你现在不会觉察到，那再过30年、40年、50年，再回头看看自己曾经走过的路：脚印是那样曲折，并无情碾碎了一朵又一朵的幸福之花。

不同的人有着不同的幸福。

对于那些容易满足的人来说得到幸福时刻便多些；对于那些有大的期盼的人来说，总觉得自己不够幸福或者幸福根本就没有降临到他（她）的身上。其实幸福是个很简单的东西，准确地把握瞬间来到你身边的暖流，这些就是幸福。

幸福是一种态度，它出现在某一时刻，不是在"有一天……"。我们如果爱上现在所有的日子，我们会幸福得多，而且会得到更多的幸福和快乐。

爱是人世间最伟大的情感，请一心一意地爱我们所爱的人，珍惜我们拥有的幸福，享受我们正在感受的爱与温情，你将是世界上最幸福的人。

♡ 幸福在哪里？幸福就在你身边

幸福，就是得应该得的不得不应该得的

有一个人，生前善良且热心助人，所以在他死后上了天堂，做了天使。他当了天使后，时常到凡间帮助人，希望感受到幸福的味道。

一日，遇见一个农夫，农夫的样子非常苦恼，他向天使诉说："我家的水牛刚死了，没它帮忙犁田，那我怎么能下田作业呢？"

于是天使赐他一只健壮的水牛，农夫很高兴，天使在他身上感受到了幸福的味道。

有一日，他遇见一个男人，男人非常沮丧，他向天使说："我的钱被骗光了，没盘缠回乡。"

于是天使给他银两作路费，男人很高兴，天使在他身上感受到幸福的味道。

有一日，他遇见一个诗人，诗人年轻、英俊、有才华且富有，妻子貌美而温柔，但他却过得不快活。

天使问他："不快乐吗？我能帮你吗？"

诗人对天使说："我什么都有，只欠一样东西，能给我吗？"

天使回答说："可以。你要什么我都可以给你。"

诗人直直地望着天使："我要幸福。"

这下把天使难倒了，天使想了想说："明白了。"

然后把诗人所拥有的都拿走。天使拿走诗人的才华，毁去他的容

貌，夺去他的财产和他妻子的性命。天使做完这些事后离去了。

一个月后，天使再回到诗人的身边，他那时饿得半死，衣衫褴褛地躺在地上挣扎。

于是，天使把他的一切还给了他，然后离去了。

半个月后，天使又去看了诗人。

这次诗人搂着妻子，不住地向天使道谢。因为他得到幸福了。

古人云："知足不知足，有为有不为，知足常乐"，对已经得到的很满足，又知道自己的不足而努力工作。

干应该干的，不干不应该干的；得应该得的，不得不应该得的。如此，一个人才能快乐和幸福。

幸福其实就在你身边

幸福在哪里？带着这样的问题，芸芸众生，茫茫人海，我们在努力寻找答案。其实，幸福是一个多元化的命题，我们在追求着幸福，幸福也时刻地伴随着我们。只不过，很多时候，我们身处幸福的山中，在远近高低的角度看到的总是别人的幸福风景，往往没有悉心感受自己所拥有的幸福天地。

有人曾说过，"人之所以幸福，是他的心灵感到幸福。"幸福其实很简单：它是家庭餐桌上的欢歌笑语；是我们生病时，亲友一句亲切的问候和祝福；是花前月下情人的牵手漫步；是和心爱的人白头到老。

我们经常一边高喊着追求幸福的口号，一边对幸福视而不见，其实幸福就在你身边，隐藏在你琐碎的生活里。

幸福就这么简单，它是一种感觉，是一种心态，是一种体验。当我们觉得幸福的时候，幸福就来了。

♡ 简单的生活有着最美的风景

简单地做人，简单地生活

简单也是一种美，是一种朴实且散发着灵魂香味的美。为什么不让心灵过一种简单的生活呢？

简单不是粗陋，不是做作，而是一种真正的大彻大悟之后的升华。

现代人的生活过得太复杂了，到处都充斥着金钱、功名、利欲的角逐，到处都充斥着新奇和时髦的事物。被这样复杂的生活所牵扯，我们能不疲惫吗？

梭罗有一句名言感人至深："简单点儿，再简单点儿！奢侈与舒适的生活，实际上妨碍了人类的进步。"他发现，当他生活上的需要简化到最低限度时，生活反而更加充实。因为他已经无须为了满足那些不必要的欲望而使心神分散。

简单地做人，简单地生活，想想也没什么不好。金钱、功名、出人头地、飞黄腾达，当然是一种人生。但能在灯红酒绿、推杯换盏、斤斤计较、欲望和诱惑之外，不依附权势，不贪求金钱，心静如水，无怨无争，拥有一份简单的生活，不也是一种很惬意的人生吗？毕竟，我们用不着挖空心思去追逐名利，用不着留意别人看我们的眼神，没有锁链的心灵，快乐而自由，随心所欲，该哭就哭，想笑就笑，虽不能活得出人头地、风风光光，但这又有什么关系呢？！

简单是幸福生活的一种境界

生活未必都要轰轰烈烈，"云霞青松作我伴，一壶浊酒青淡心"，这种意境不是也很清静自然，像清澈的溪流一样富于诗意吗？生活在简单中自有简单的美好，这是生活在喧嚣中的人所渴求不到的。

晋代的陶渊明似乎早已明了其中的真意，所以有诗云："结庐在人境，而无车马喧。问君何能尔？心远地自偏。山气日夕佳，飞鸟相与还。采菊东篱下，悠然见南山。此中有真意，欲辩已忘言。"

简单地生活其实是很迷人的：窗外云淡风轻，屋内茶香萦绕，一束插在牛奶瓶里的漂亮水仙，穿透洁净的耀眼阳光，美丽地开放着；在阳光灿烂的午后，我们终于又来到年轻时的山坡，放飞着童年时的风筝；落日的余晖之中，静静地享受着夕阳下清心寡欲的快乐……

简单就是美，而且是一种高品位的美。

在五光十色的现代世界中，让我们记住一个古老的真理：活得简单才能活得自由。在这个世界上，唯有简单才会快乐，才会让生活更加美好！

懂知足的人能享受更多的幸福

知足是达观与开朗的人生态度

有许多时候，我们不知道满足，甚至为了"了却君王天下事"，对生前身后的功名也期待颇多。对于前世，我们会埋怨父母没有把我们生养在富贵之家，对于后世，总是抱怨子孙们不能个个如龙似凤，但我们更多的不满足还是来自于自身。

我们为什么会这样不知足呢？这其实是欲望的驱使，是幻想的冲动，是不切合实际的索取。如果把不知足归结为人类后天的变异，这有失公允。其实，不知足是一种最原始的心理需求，知足则是一种理性思维后的达观与开脱。

列夫·托尔斯泰说："俄罗斯人对于自己的财产从不满足，而对于自己的智慧却相当自信。"这就说明了知足的两重性。人们对于物欲的追求总会优越于精神的追求。在精神上的知足往往不能满足物质的需求，这与人类的第一需要必须是温饱有关。

老子说过："有所为才能有所不为。"换句话说，能知足才知不足。

知足的人能享受更多的幸福

知足与不知足是一个量化的过程。我们不会把知足停留在某一个水平上，也不会把不知足固定在某一个需要上。不同的年代，不同的环境，不同的阶层，不同的年龄，不同的生活经历，知足与不知足总会相互转化。穷苦的青年人还是不要知足的好，唯有这样，生活才会改观；一夜暴富的大款们，对于知识的追求多一些也许可以提升生活质量。但知足的农民从不强迫自己当总统，安分守己的乡村教师会把按时领到薪水作为最大的慰藉。

知足使人平静、安详、达观、超脱；不知足使人骚动、搏击、进取、奋斗；知足智在知不可行而不行，不知足慧在可行而必行之。若知不行而勉为其难，势必劳而无功，若知可行而不行，这就是堕落和懈怠。这两者之间实际是一个"度"的问题。度是分寸，是智慧，更是水平，只有在温度合适的条件下，树木才会发，而不至于把钢材炼成生铁。《渔夫和金鱼》中的那个老太婆的最大失败，就是因为贪得无厌。

在知足与不知足之间，我更多地倾向于知足。因为它会让我们心地坦然。无所取，无所需，就不会有太多的思想负荷。

♡ 琐屑小事是幸福的源泉

幸福藏在琐屑小事中

爸爸问女儿："你幸福吗？"女儿答："幸福。"

爸爸让女儿试着举例，女儿说："比如现在呀。"当时晚饭后，他陪女儿一起登上楼顶，仰卧观天上的星星。

这只是一件平常的小事，我们差不多每个人小时候都有类似的经历，都有这样的无数幸福时刻。

爸爸让女儿再举例，女儿说比如妈妈爱用茶叶水洗枕头，每每睡觉时都有淡淡的茶叶香味。还有妈妈在刚刷完油漆的屋子里放些菠萝，风儿一吹整个屋子就充满了芳香的菠萝味了。

这些本是生活中极其平常的小事，谁也无心去在意这些，可我们却难得有这样的幸福体味，只能到遥远的童年去寻找这样的感动。

这段故事是在收音机中听到的，听完之后，萌生了一种感动。生活中原来时时刻刻充满了幸福，这幸福来自于生活的细微末节，只有用心去品味，幸福同样有色香味，同样可观可闻可吃可品。

有这样一个故事：一个欲离婚的女子厌烦了现有的琐屑生活，但她一直对其外祖母的幸福和谐生活充满好奇。有一天她终于忍不住打开了外祖母的日记，原来里面记录着外公为她洗了多少衣服，吻过她多少次，洗过多少次脚……相信任何人读到此处都会吃惊，原来生活中的琐屑小事便是幸福的源泉。

在琐碎小事中品味生活的幸福

生活是由一件件的琐碎之事连缀而成的，在这根线上的点点滴滴都融汇着幸福的纽扣。细品着细琐的每一点每一滴，你都会觉得生活更加丰富多彩。

品味生活要多想些美好之处。因为生活毕竟不是只有鲜花，时时充满阳光。我们要想成功地走出郁闷和哀愁，就要多思考生活中美好的一面，从中品味幸福。

比如下班了，妻子做好可口的饭菜，这就是一种幸福，不要因为她时常埋怨而自悔自恼，也不要因为她的心胸偏狭而自怨自艾。再如，生病了，同事都拿着礼物来看望你，应该感到他们对你的关心，而不能过多考虑他们是否怀有其他目的。

一滴水珠可以照见太阳的光辉。品味生活的幸福是从小处着眼，不要因为事情小而忽略了别人对你的关爱。你上班迟到了，同事帮你打扫了地板，擦干净了桌子；下雨了，有人将伞伸到你上面的领空与你共享；当你向朋友借钱，哪怕发生屠格涅夫《兄弟》中的"我"遇乞丐的情景也无所谓。所有这些都是生活的一部分，都值得我们深深地怀恋，让我们感动。

收获与付出往往成正比。我们在品味别人给我们带来的便利时也要想到去给予。

同时，给予别人快乐也是一种幸福。给予幸福，你就会收获幸福，因为你为自己创造了幸福。

生活是被幸福包裹着的，只要我们用心去品味，我们就会时时感受到幸福时光。

♥ 幸福不缩水，平常心是福

享受生活中的平凡和简单

"平常心"虽是简单的三个字，但在生活中，却是人人都难超越的一道坎，因为我们并不懂得何为真正的平常心，也不懂得怎样来保持自己的平常心，更不懂得怎样来利用平常心。

平常心是一种境界，一种超脱物外、超越自我的境界，这也正是平常心最好的解释。我们不是"看破红尘"，更不是消极遁世，相反，我们所要表现的却是一种积极的心态，以平常心观不平常事，则事事平常，无时不乐也无时无忧。

一个人曾经问过一个和尚说："和尚修行，用功否？"和尚回答说："用功。"那个人又问道："如何用功？"和尚回答："饥则吃饭，困则即眠。"那人非常奇怪地说："为什么我也和你一样就不算用功呢？"和尚笑着回答："你和我当然不一样了，你该吃饭时不好好吃饭，该睡觉时不好好睡觉，整天千种计较，万般思量，心不宁静，怎么叫做用功？如何算得修行？"

真正的平常心就是享受生活中的平凡和简单，只要能把心态放平稳，不要被外界的动乱干扰，就是拥有一颗真正的平常心。

拥有平常心，就拥有幸福感

人生一定要有所追求，追求事业，追求爱情，追求美好的生活。只有这样，生活才会更精彩，世界才会更美好。但这需要怀着一颗平常心，懂得知足惜福。正所谓"奢者富不足，俭者贫有余"。

智慧的人是善于取舍的人，是适时取舍的人，他很清楚幸福需要用眼光去辨别，更需要用勇气去放弃，有太多负担的人是走不快的。

有一支淘金队伍在沙漠中行走，大家都步履沉重，痛苦不堪，只有一个人快乐的走着。别人问："你为何如此的惬意？"他笑着说："因为我带的东西最少。"

幸福就是如此简单，只要放弃一些自己难以承担的负累，少一些苛求，你就可以做到知足常乐了。

为什么幸福那么难以寻找？为什么同样的情境，有的人能感觉幸福，而有的人却感到痛苦？答案就在于你有没有保持一颗平常心。

♡ 世上本无事，庸人自扰之

别让小事毁了你的幸福

哈瑞·爱默生·富斯狄克讲过这样一个故事：

在科罗拉多州山的山坡上，躺着一棵大树的残躯。自然学家告诉我们，它曾经有过400多年的历史。在它漫长的生命里，曾被闪电击中过14次，无数次狂风暴雨侵袭过它，它都能战胜它们。但在最后，小队甲虫的攻击使它永远倒在地上。那些甲虫从根部向里咬，渐渐伤了树的元气。虽然它们很小、却是持续不断地攻击。这样一个森林中的巨树，岁月不曾使它枯萎，闪电不曾将它击倒，狂风暴雨不曾将它动摇，却因一小队用大拇指和食指就能捏死的小甲虫，终于倒了下来。

我们不也都像森林中那棵身经百战的大树吗？我们也经历过生命中无数狂风暴雨和闪电的袭击，也都撑过来了，可是却让忧虑的小甲虫咬噬——那些用大拇指和食指就可以按死的小甲虫。

小事其实没什么，是我们自己夸大了它。

不要让生命浪费在小事上

实际上，要想克服一些小事引起的烦恼，只要把看法和重点转移一下就可以了。这会让你有一个新的、开心点的看法。作家荷马·克罗伊讲了一个他自己的故事。

过去他在写作的时候，常常被纽约公寓热水灯的响声吵得快要发疯了。"后来，有一次我和几个朋友出去露营，当我听到木柴烧得很旺时的响声，我突然想到：这些声音和热水灯的响声一样，为什么我会喜欢这个声音而讨厌那个声音呢？回来后我告诫自己：火堆里木头的爆裂声很好听，热水灯的声音也差不多。我完全可以蒙头大睡，不去理会这些噪音。结果，头几天我还注意它的声音，可不久我就完全忘记了它。

"很多小忧虑也是如此。我们不喜欢一些小事，结果弄得整个人很沮丧。其实，我们都夸张了那些小事的重要性……"

狄士累利说："生命太短促了，不要再只顾小事了。" "这些话，"安德列·摩瑞斯在《本周》杂志中说，"曾经帮助我经历了很多痛苦的事情。我们常常因一点小事，一些本该不屑一顾的小事，弄得心烦意乱……我们生活在这个世界上只有短短的几十年；而我们浪费了很多不可能再补回来的时间，去为那些一年之内就会忘掉的小事发愁。我们应该把我们的生活只用于值得做的行动和感觉上。去想伟大的思想，去体会真正的感情，去做必须做的事情。因为生命太短促了，不该再顾及那些小事。"

"世上本无事，庸人自扰之"，刻意追求功名利禄的人，很容易将事情搞得复杂化，往往活得很累，所以，我们大可不必把事情想得太复杂，以淡然的心态去做人，做一个"没事汉"、"清闲人"。这不是消极，而是一种深刻的智慧，一种幸福的境界。

♡ 活得简单些，是人生的最深内涵

你简单，世界就简单了

在这个纷繁复杂的社会中，我们感到实在活得太累了。一道道人生难题，摆在我们的面前，需要我们去破译、去求证、去解答、去挣扎。一个人的智慧和力量毕竟是有限的，面对一张张生活的大网和一团团乱麻的人生，我们往往显得力不从心，甚至有一种贫血的感觉。

其实，人生本来有很多种选择，也有很多种活法，但我们往往过于追求完美，把原本很简单的事情搞得复杂化，因而常常被弄得很苦很累很浮躁。譬如说，同是生命的个体，本是相互平等，却非要仰人鼻息，察人脸色，揣人心事，日子过得诚惶诚恐、没滋没味；本来是很容易处理的一件事，却总是谨慎有余，小心翼翼，生怕因此触动了那张敏感的关系网。一次又一次，面临人生途中的一些选择，我们本不需要动太多脑筋，却非得瞻前顾后，左顾右盼一番不可，结果丧失了最佳时机，到头来后悔不迭……

人的社会性，决定了每个个体生命都要经历一定的人和事，这就要求我们必须有正常的心态和驾驭生活的能力。其实，这个世界并不复杂，复杂的是人自己本身，只要我们心想得简单一些，生活的天空便一片明媚。

以简单的心态面对纷繁人生

对待得失，我们不妨简单一些。生活对每个人都是公平的，有得就有失，有失就有得，塞翁失马，焉知非福，得与失是可以相互转化的。只要拥有一颗平常心，去善待生活中的不平事，与世无争，知足常乐，少一份嫉妒，多留一些时间和精力做自己喜欢的事，命运的光环自然会降落在你的头上。即使命不由人，也不必斤斤计较，你走你的阳光道，我过我的独木桥，你有你的活法，我有我的活法，眼睛里何必揉进一颗难受的沙子。抛去名利，放开权欲，用简单的心走过自己轻松而快乐的人生。若干年后，当我们回味起来，就不会感到寂寞，不会牢骚满腹，怨天尤人。

在是非面前，我们也不妨简单一些。社会是一盘杂菜，什么货色都有，人上一百，形形色色，个中是非众人自有公论，道德自有评价。对此，我们不必去理会谁在背后说人，谁在人前被人说；也不必理会谁投来的一抹轻蔑，谁射过来的一瞥白眼。对那些微妙的人际关系，不妨视而不见，充耳不闻，排除一切有形或者无形的干扰，不必计较自己是吃了亏还是占了便宜。只要拥有一颗正直的心，忧国之所忧，想己之所想，不损国家，不谋私利，把家与国统一起来，我们心中的阴霾就会一扫而空，心境也会因此变得日益明朗和愉快起来。

在待人处世方面，我们也不妨简单一些。我们总是生活在一定的社会环境中，每天都要和各种各样的人打交道。对家人，对同事，对邻居，对朋友，其交往的程度还是平淡一点好。君子之交淡如水，何必纠缠于那些不胜其烦的繁文缛节之上。只有脱去一切伪装，善于真诚待人，相互宽容，相互帮助，心灵不设防，不要两重人格，有快乐共同分享，有困难共同分担，人与人之间就会架起一座理解与信任的桥梁，人间的真情就会开出绚丽的花朵。

生活是丰富多彩的，如晴空，如白云，如彩虹，如霞光，只要我们以简单之心去面对复杂的世界，生活的琼浆便汩汩而出，酿造出最甜最美的生活之汁。

简单是美，是一种高品位的美。活得简单些，这就是幸福人生的最深内涵。

🫶 最平常的享受，最简单的幸福

最简单的地方藏着最真实的幸福

一个渔夫正躺在船里打盹儿，一位穿着入时的旅游者在拍照时吵醒了他。旅游者说："天气这样好，您今天一定打到了很多的鱼。"渔夫摇摇头。

"您觉得不舒服？"

"我的身体棒极了。"渔夫舒展着四肢。

游客显出困惑的表情："那您怎么不去打鱼？"

"我已经打过了。我的筐里有4只龙虾，还捕到了20几条青花鱼，我甚至连明后天的鱼都打够了。"

游客激动起来："但是请您想一想，要是您每天出海两次、三次、甚至四次……您就能捕到更多的鱼。那么不出一年您就可以买辆摩托，两年就可再买一条船，三四年说不定就有了渔轮。有朝一日您还可以建一座冷库，盖一座熏鱼厂……您可以坐着直升机飞来飞去找鱼群，用无线电指挥您的渔轮作业。您可以取得捕大马哈鱼的权力，开一家活鱼饭店，无需通过中间商就直接把龙虾运往巴黎，然后……"游客兴奋得说不出话来。

渔夫拍拍他的背，好像是拍着一个呛着的孩子："然后怎么样？"

"然后您就可以逍遥自在地坐在这里的港口，在太阳下打盹儿，还可以眺望大海。"

"我现在已经这样做了。"渔夫说，"我正悠然自得地坐在港口打盹儿，只是您照相机的咔嚓声把我打扰了。"

生活的方式多种多样，生活的心态也各有不同，但就幸福而言，最简单的恰恰是最真实的。

很多时候，当我们忙忙碌碌之后，才发觉自己历尽千辛万苦所追求的幸福竟是最平常的享受。

守住一颗平常心，你就守住了幸福

幸福不是物质的丰裕，它是一种内心的感受，一种精神的追求，是超越物质的。

幸福很简单，简单得在它来到我们身边的时候，我们根本无从察觉。幸福几乎天天都在，俯拾皆是。幸福要从点滴间享受，即时享受，不易存贮，否则就会变味、就会失效。在寻找幸福的路途中，我们缺少的是对幸福的真正理解。

珍惜全部拥有的，你就是最幸福的人。

人生幸福，只有舍弃不该拥有的，才能获得不该丢失的。守住一颗平常心，你就守住了幸福。

有道是：

春有百花秋有月，

夏有凉风冬有雪。

若无闲事挂心头，

便是人间好时节。

幸福是一种感觉，你感觉到了，便是拥有。因为抓住了，所以拥有着；因为拥有了，所以幸福着；因为幸福了，所以珍惜着。

♡ 奉行实践简单的生活艺术

简单是一种生活的艺术

生活的基本因素其实很简单，虽然它的表现是十分绚丽多彩的，而人们往往拼命追求这种绚丽，用更多企盼使自己变得不快乐。

有些人是要找回更多时间，有的是要找到节约钱的方法，有的是要找到更少依赖而去生活的技巧，更多人是要找到更多的生活意义。他们都在寻求一种方法，以便使自己在每天早上醒来时为生活本身而激动，能够感觉到自己与所有的生命相关联。

简单的生活使人们放慢生活节奏，充分享受他们的时间，仔细品尝他们的美食，与他们的朋友一起交流。

简单的生活是有意识的，尽可能去除不必要的、表面上乱七八糟的东西。不去追求表面的绚丽。

简单的生活是有目的的生活，保证有时间做自己想做的事，而不是让时光在繁乱的家事中流走。

简单的生活对自身、对环境保持真实，发现生活各个方面的合适位置。这是崇高的。

简单的生活是将生活和现实（有限的收入、时间和精力）与价值结合，并将它们应用到一种舒适、有效的生活方式中。它是一种"生活的艺术"，是一种谋求生存、面对自我和勇于革新的艺术。

抛弃过高期望，简单快乐生活

不少人对生活的憧憬是这样的：拥有宽敞豪华的寓所；争取更高的社会地位；买高档商品，穿名贵的皮革；跟上流行的大潮，永不落伍；等等。

不能否认这些方面可以成为生活的部分，但生活是这些吗？富裕奢华的生活需要付出巨大的代价，如果我们降低对物质的需求，我们将节省更多的时间充实自己。轻闲的生活会让人更加自信，增进并珍视人与人之间的情感，提高生活质量。幸福、快乐、轻松或许对我们来说更有意义。

许多人认为私人住宅能带给人安全感，比财富、婚姻更为重要。但是，现在随着土地价格的升高，拥有一幢房子需要付出的代价越来越大。其实，如果仔细地计算一下得失，想一想生活中其他的乐趣，就会发现它并不是那么重要。

有一个人几年前厌倦了城市生活，于是辞去了工作，卖掉房屋，携带妻儿出外漫游。回来以后，他们租了一间宽敞明亮的公寓，这为他们省下很多开支。当他们想再去旅行的时候，也不再觉得房产是沉重的负担。他们看起来就像是生活朴素而逍遥自在的人。

简单之中见深刻，平淡人生有滋味。简单是一种潇洒的人生态度，也是一种幸福的生活艺术。

💗 让生活简单些，让幸福简单些

简单是幸福生活的一种智慧

如果有人问你1+1等于几，你能理直气壮地当即回答出等于2吗？估计大多数人在被问到这样一个问题时都要思考半天，因为他们知道数学家陈景润曾经花了好几年时间去证明1+1等于几的问题。其实，1+1还是等于2的，陈景润证明的是哥德巴赫猜想，并非是去证明1+1不等于2。我们因为知道太多，反而束缚了自己的手脚。

同样的一个问题，如果去问小学生，他们肯定会立即回答出来，因为他们没有那么复杂，他们的头脑比我们简单，也正是因为简单，才使他们不受常规的约束。

简单是一种智慧，是一种经历复杂之后更上层楼的彻悟。

简单是一种美，是一种智者所具有的高品味的境界。

简单绝不是简化、原始，而是一种大彻大悟之后的升华。高僧的生活简单，因为他们已经参透人生的真谛，看清了世界的实质，他们的思想达到了更高的境界。齐白石画虾，仅寥寥几笔，便把虾画得活里活现，栩栩如生，那是因为他的艺术修为、画技更高。普通人如果不下苦功夫去练画，也来学他那几笔，画出来的东西，可能连他自己都认不出。

简单做人，洒脱自在

简单是一种境界，只有经过一番苦练才能达到。简单做人也是一种境界，一种比复杂的人生更高的境界。名利、地位、金钱、事业有成，出人头地，飞黄腾达，是一种人生，但未免过于复杂，行动未免受到太多的牵制，做什么事都要三思而后行，一样想不到就会出错。

简单做人，不依附权势，不贪求名利、金钱，无怨无争，也是一种人生。这种人生为自己而活，不必看别人的脸色行事，想笑就笑，想哭就哭，快乐自在。这种人生更精彩。

简单做人，洒脱自在。简单是一种平淡，但不是单调；简单是一种平凡，但不是平庸；简单是一种美，是一种原滋原味的美。

司汤达曾说："人所以要存在于世，目的不在于富有而在幸福。"要想幸福，就让自己变得简单起来吧！

PART 7

心若淡定幸福自来，行到水穷处坐看云起时

平淡的日子就随它平淡地过，何必成为那欲望的俘虏？

流水般的日子就让它流水般地走，何不把握这眼前的幸福……

幸福不在珠光宝气中，不在热闹繁杂中，

放下挂碍、开阔心胸，心里自然快乐无忧。

不以物喜不以己悲，宠辱不惊达观进取，

学会选择懂得放弃，高雅超俗淡泊名利，

坐看风云起起伏伏，坐拥幸福长长久久。

♡ 幸福需要保持一颗童心

用孩子的眼睛看世界

有的人说孩子之所以快乐，是因为他们只知道玩乐，而不用像大人们一样整天要考虑衣食住行。其实并非完全如此，孩子也有他们的心事，他们要考虑的事也很多，诸如：如何才能取悦家长，如何才能不让老师发现小秘密，和小朋友到哪里去玩，等等。他们之所以整天无忧无虑，是因为他们考虑事情不像大人那样复杂，只能"简单"从事，许多对于大人来讲毫无兴趣的事，在他们眼里却充满快乐与幸福。

有位老师曾问他7岁的学生："你幸福吗？"

"是的，我很幸福。"她回答道。

"经常都是幸福的吗？"老师再问道。

"对，我经常都是幸福的。"

"是什么使你感到如此幸福呢？"老师接着问道。

"是什么我并不知道，但是，我真的很幸福。"

"一定是什么事物带给你幸福的吧！"老师追问道。

"是啊！我告诉你吧，我的伙伴们使我幸福，我喜欢他们。学校使我幸福，我喜欢上学，我喜欢我的老师。还有，我喜欢上教堂，也喜欢学校和其中的老师们。我爱姐姐和弟弟。我也爱爸爸和妈妈，因为爸妈在我生病时关心我。爸妈是爱我的，而且对我很亲切。"

在孩子的眼中，一切都是美好的，身边的一切，小朋友、学校、教堂、爸妈等都让她幸福，都让她快乐。这是一种单纯形态的幸福，是人们在生活中苦难追寻的即使是最大幸福也无法比拟的。

保持一颗童心，重拾童真的快乐幸福

孩子们快乐，还因为他们对任何事情都拿得起，放得下。和小朋友吵架了，不会很大人一样，和谁闹翻了脸，便会老死不相往来，他们很快乐就会忘掉，不会记仇；挨家长训斥了，即使是哭了，也会很快就破涕为笑；受到老师批评了，他们也不会老是怀恨在心。他们当哭则哭，当笑则笑，受到表扬，便高兴得又蹦又跳，受到批评便掉泪珠，绝不会掩饰和做作。

孔子说："三人行，必有我师焉。"孔子本人不也曾向孩子请教太阳何时最大吗？孩子是我们学习的榜样，保持一颗童心，可以让我们返老还童。人一天天长大，往往会被世界的琐事烦扰不止，人越是成熟就越是复杂，因此童年时期的快乐心法是我们应该重新捡拾的。

虽然我们不能再回到童年的那个年龄，但我们可以经常回忆童年趣事，拜访青少年时期的朋友和同学、老师、母校。如果有机会还要去看一看童年家乡、玩耍的旧地，旧事重提，旧友相聚，那样我们才会重拾童真的快乐，重回纯洁无忌的开心时刻。

拥有一颗童心，就会像孩子一样快乐，拥有一颗童心，就会重拾童年时代的幸福。

♡ 淡定，最了不起的一种心态

淡定面对人生的不如意

生活不总是一帆风顺的，也正因为如此，我们的生活才有滋有味，才多姿多彩。顺境时，我们懂得享受生活，知道这是生活赋予我们的财富；逆境时，我们往往惊慌失措，像一叶迷航的孤舟，靠不了岸。其实，一时处在顺境之中，不意味着永远一帆风顺；一时处在逆境之中也不意味着永远没有出头之日。关键看你怎样面对。

两个不如意的年轻人一起去拜望师傅："师傅，我们在办公室被欺负，太痛苦了，我们都不想干了。"

师傅闭着眼睛，隔了半天，吐出三个字："淡定心。"就挥挥手，示意年轻人回去。

回到公司，一个年轻人就递上辞呈，回家种田；另一个静下心来，埋头工作。转眼间10年过去了，回家种田的以现代方法经营，成了农业专家；另一个留在公司的也不差，他忍着怨气，努力学习，渐渐受到器重，成了经理。

有一天，两个人向师傅汇报自己的成就，师傅仍然闭着眼睛，隔半天，吐出三个字："平常心。"

饥来则食，困来即眠。高兴就笑，伤心就悲；了无心机，随缘而往，不矫揉造作，不怨天尤人。

常听人说一夜无眠，其实，只因想得太多，不肯入睡罢了。

人都是从吃母乳开始接触人生，生老病死是谁也不能避免的自然现象，遇着了，干着急并不能使病情有所好转，越是想好得快一些，越是显得糟糕，"病来如山倒，病去如抽丝"。除了尽力配合好医生的治疗外，静心颐养，对治疗是有好处的，这时就需要保持一颗淡定心。

拥有淡定的心态去，生活将是一帆风顺

面对失败和挫折，淡定心是一种乐观、自信，能重振旗鼓，这是一种勇气；面对误解和仇恨，淡定心是一种坦然、宽容，然后保持本色，这是一种达观；面对赞扬和激励，淡定心是一种谦虚、清醒，然后不断进取，这是一种力量；面对烦恼和忧愁，淡定心是一种平和、释然，然后努力化解，这是一种境界。面对这些种种经历，只要你勇于微笑，达观待之，不耽于梦想，不被它左右，只要你拥有一份淡定的心态去面对，生活将是一帆风顺！

对那些视金钱如粪土的专心于社会建设的人来讲，淡定心更能使他们排除杂念，做好自己的事业；对那些有着强烈的实现自己远大抱负的人来讲，淡定心使他们拥有更多的时间来潜心研究自己的学问，臻至良善；对那些已经回首往事不再后悔的过来人，淡定心可以使他们问心无愧地享受晚年。

人需要的是一颗淡定心。一个人无论聪明愚笨，都会有得失成败，谁都不可能只享受成功的喜悦，而不遭受失败的痛苦。只有在得失成败之间保持一颗淡定心，才会摆脱得意时的狂妄自大和失意时的萎靡不振。

既然一切都必须面对，我们为什么不用淡定心来面对呢？用淡定心面对，做事情才会坦然、轻松，生活才能宁静祥和。既不清心寡欲，也不声色犬马；既不自命清高，也不妄自菲薄；既不吹毛求疵，也不委曲求全。可以说，一个人能够保持淡定心，便达到了修身养性的最高境界。

淡定心是一种了不起的心态。把自己置于百姓们平淡如水的衣、食、住、行中，才会在司空见惯的日子里享受着人间的真情；在默默付出的同时，获得精神的满足和幸福。

❤ 平淡的生活，真实的幸福

平淡的生活充满无比的幸福

如果你每天骑着单车上下班，回家到菜市场购物一番，之后做几盘可口的家常菜，和家人孩子一起享受天伦之乐。庆幸吧，你这种看似平淡的生活充满着无比的幸福！

这个世界有太多的诱惑，因此有太多的欲望。一个人需要以清醒的心智和从容的步履走过岁月，他的精神中必定不能缺少淡泊。虽然我们渴望成功，渴望能在有生之年划过优美的轨迹，但我们更需要的是一种平平淡淡的快乐生活，一份实实在在的成功。这种成功，不必努力苛求轰轰烈烈，不一定要有那种揭天地之奥秘，救万民于水火的豪情。只是一份平平淡淡的追求，足矣！

生活，并不是只有功和利。尽管我知道我们大家必须去奔波赚钱才可以生存，尽管我知道生活中有许多无奈和烦恼。然而，只要我们拥有一份淡泊之心，量力而行，坦然自若地去追求属于自己的真实。能做到宠亦泰然，辱亦淡然，有也自然，无也自在，如淡月清风一样来去不觉，生活，不是要轻松得多吗？

在平淡中体味幸福的内涵

有了一份平淡的处世心态，你就会在简简单单的生活中快乐地生活。当你忙里偷闲与爱人、孩子一同去逛公园、去看场电影、去搞一次野炊时，相信我们都会懂得，生活其实有很多内容。我们大可不必为了一个出国名额而彻夜不眠，大可不必为一次职位的晋升而寝食难安。在平日忙碌而充实的生活中，忙便有所收获；岗位平凡，但乐在其中；斗室而居，但衣食自足。你普通，普普通通如一颗草；但你同样可以骄傲，默默绽放的花朵也会芳香怡人！

也许，你没有辉煌的业绩可以炫耀，没有大把的钞票可以挥霍，但你拥有淡泊，这是人生求之难得的幸福了。诸葛亮有言："非淡泊无以明志，非宁静无以致远。"淡泊是一种真我，是英雄本色。追求淡泊者，生活的道路上永远开满鲜花，永远芳香四溢；追求名利者，生活的道路上会遍布陷阱，只能在生命终结的一刹那体会到稍纵即逝的一丝快乐。

人生的大戏不可能永远处于高潮，平平淡淡才是真，拥有淡泊之心，便能拨云见日，体会到生活的真正内涵，否则，只能在生活的边缘徘徊，只能是舍本逐末。

学会淡泊，拥有淡泊吧，学会和拥有了它，你就能在当今社会愈演愈烈的物欲和令人眼花缭乱、目迷神惑的世相百态面前神宁气静，你就会抛开一切名缰利索的束缚，在人生的大道上迈出自信与豪迈的步伐，

学会淡泊，让心灵回归到本真状态，从而获得心灵的充实、幸福、丰富、自由、纯净！

♡ 顺其自然是人生最好的活法

人生不能强求，应当顺其自然

无数事实和经验证明：无论任何事物都有其自身的发展规律，如果违背了规律自然就要付出相应的代价，我们现代人对这一点都有深刻的认识。

生活在这个现实世界，要想免受世俗的污染，就需要有超越别人的智慧。否则，就如同在漫天尘土中掸衣，在泥水中濯足，是无论如何都不能得到超脱的。世上的人多半都是为了追求名利而奔忙。具有真知灼见的人，才能够保持超然的态度，坚守做人的原则。

做人应当能够任何事情都能想得开，看得透，顺其自然。顺其自然是一种处世哲学，而且是一种很好的，很受用的处世哲学。

佛曾经说过，生命是一种缘，是一种必然与偶然互为表里的机缘。的确如此，有时候命运偏偏喜欢捉弄人，你越是挖空心思想去追逐一种东西，它越是想方设法不让你如愿以偿。这时候，痴愚的人往往不能自拔，好像脑子里缠了一团毛线，越想越乱，他们陷在了自己挖的陷阱里。而对于那些明智的人，他们明白知足常乐的道理，就会把一切都看得顺其自然，不去强求不属于他的东西。

顺其自然，绝不是被动人生，不是自视清高或阿Q精神胜利法；顺其自然，不是在生活的海边临渊羡鱼，不是在命运的森林里守株待兔，而是洞悉人生、承受一切命运际遇的大智慧；顺其自然，是对生命的善待和珍爱，是对人生的一种喝彩和礼赞。

顺其自然是最好的活法

顺其自然是最好的活法，不抱怨，不叹息，不堕落，胜不骄，败不馁，只管奋力前行，只管走属于自己的路。中国有句俗话叫做"谋事在人，成事在天"，而这种"成事在天"便是一种顺其自然。只要自己努力了，问心无愧便知足了，不奢望太多，也不失望。

顺其自然不是随波逐流，放任自流，而是应该坚持正常的学习和生活，做自己应该做的事情，弄明白自己的人生方向后踏实地顺着这条路走下去。有人曾经问游泳教练："在大江大河中遇到旋涡怎么办？"教练答道："不要害怕。只要沉住气，顺着旋涡的自转方向奋力游出便可转危为安。"顺其自然也是如此，它不是"逆流而动"，也不是"无所作为"，而是按正确的方向去奋斗。

顺其自然不是宿命论，而是在遵守自然规律的前提下积极探索；顺其自然不是不作为，而是有所为，有所不为。

人生如同一艘在大海中航行的帆船，偶遇风暴是无法改变的事实，只有顺其自然，学会适应，才能战胜困难。现实生活中我们应该学会顺其自然，学会到什么山唱什么歌。

凡事顺其自然，珍惜已经拥有的，不去过分强求不属于自己的东西。只有做到了凡事顺其自然，知足常乐，我们的人生才会少一些后悔，少一些遗憾，才会多一些快乐，多一些幸福。

💗 因为平静，所以幸福

心灵的平静是智慧美丽的珍宝

钱钟书先生说："世界就像个围城，城里的人往外挤，城外的人往里挤。"生活中的确如此，身居繁华都市的人，往往追求寂寞平静的田园生活；而身在林深竹海的乡人，却又很是向往灯红酒绿的都市生活。

其实，平静是福，真正生活在喧嚣吵闹的都市中的人们，可能更懂得平静的弥足珍贵。与平静的生活相比，追逐名利的生活是多么不值得一提。平静的生活是在真理的海洋中，在波涛之下，不受风暴的侵扰，保持永恒的安宁。

心灵的平静是智慧美丽的珍宝，它来自于长期、耐心的自我控制。心灵的安宁意味着一种成熟的经历以及对于事物规律的不同寻常的了解。

人人向往平静，然而，生活的海洋里因为有名誉、金钱、房子等在兴风作浪而难得宁静。许多人整日被自己的欲望所驱使，好像胸中燃烧着熊熊烈火一样。一旦受到挫折，一旦得不到满足，便好似掉入寒冷的冰窖中一般。生命如此大喜大悲，哪里有平静可言？人们因为毫无节制的狂热而骚动不安，因为不加控制欲望而浮沉波动。只有明智之人，才能够控制和引导自己的思想与行为，才能够控制心灵所经历的风风雨雨。

是的，环境影响心态，快节奏的生活，无节制的对环境的污染和破坏，以及令人难以承受的噪声等等都让人难以平静。环境的搅拌机随时都在把人们心中的平静撕个粉碎，让人遭受浮躁、烦恼之苦。然而，生命的本身是宁静的，只有内心不为外物所感，不为环境所扰，才能做到像陶渊明那样身在闹市而无车马之喧，正所谓"心远地自偏"。

平静是一种幸福

一个人如果能丢开杂念，就能在喧闹的环境中体会到内心的平静。

有一个小和尚，每次坐禅时都幻觉有一只大蜘蛛在他眼前织网，无论怎么赶都不走，他只好求助于师父。师父就让他坐禅时拿一支笔，等蜘蛛来了就在它身上画个记号，看它来自何方。小和尚照师父交待的去做，当蜘蛛来时他就在它身上画了个圆圈，蜘蛛走后，他便安然入定了。

当小和尚做完功课一看，却发现那个圆圈在自己的肚子上。原来困扰小和尚的不是蜘蛛，而是他自己，蜘蛛就在他心里，因为他心不静，所以才感到难以入定，正像佛家所说："心地不空，不空所以不灵。"

平静是一种心态，是生命盛开的鲜花，是灵魂成熟的果实。平静在心，在于修身养性，平静无处不在，只要有一颗平静之心。追求平静者，便能心胸开阔，不为诱惑，坦荡自然。

平静是一种幸福，它和智慧一样宝贵，其价值胜于黄金。真正的平静是心理的平衡，是心灵的安静，是稳定的情绪。

♡ 贪婪吞噬幸福，还是淡然一点好

贪婪会腐蚀你的灵魂

贪婪是阻碍人类进步的一大块绊脚石，是人性恶的一面的重中之重。人的社会中，一切的丑恶、野蛮、杀戮、欺骗、猜忌等所有不堪入目的罪恶，都是以贪婪为发源地的。人的欲望应该是滋生贪婪的诱体，当人对其他事物的占有欲达到高潮时，贪婪便充斥在你的头脑中了。

不管是贫穷的人还是富有的人，都会有这种贪婪的欲望。钱不厌其多，位不厌其高，食不厌其精，妻不厌其美，夫不厌其荣，这是人类的普遍心理。现代人的贪婪，主要是对金钱的贪婪。有了钱就可以拥有很多东西，一旦有了钱，可以有高官，可以有美食，可以有娇妻，可以有夫荣。因此，人一旦显现出了自己灵魂深处的贪婪本性，就是走上了一条不归之路。人的贪婪不仅仅是以人格为代价那么简单了，更甚者是以灵魂和生命为代价。

如果一个国家的人民贪婪，那么就是社会的祸害；一个国家的官吏贪婪，就是一个国家的蛀虫了。

如果这个国家的官员和民众都没有这种贪欲了，那么就是一个国家的福分了。

古人常拿《柳河东集》中的《蝜蝂传》的故事来比喻人类贪得无厌的本性，这也正是现代一部分人生活的真实写照。我们生活中的一部分人就像蝜蝂一样，拼命地抓钱，拼命地工作，不肯放过一丝一毫的时间，即使病了也不愿意停下，正所谓："得闲死、唔得闲病。"

贪婪会吞噬你的生命

圣经上有这样一句话："凡贪恋财利的，所行之路都是如此，这贪恋之心乃夺去得财者之命。"

有一个人，年轻的时候为了挣钱努力地拼搏，打双份工，每天起早贪黑，想藉此跳出工薪阶层，自己做老板。经过10多年的搏杀，终于有了出头之日，买了厂房、设备，开创了一番事业，正当业务蒸蒸日上、想大捞一把的时候，他却一病不起，原来是因为长期劳累，积劳成疾，体内的许多器官功能都衰竭了，正值人生壮年的他，就这样不治而亡，留给家人的只有悲痛。

当今社会的竞争之所以会这样的激烈，那是因为人们太过贪婪的原因，因为贪婪，人们的生活节奏变得高速运转，常处于高度的紧张之中，因而使"亚健康""慢性疲劳""精神疾病""心理障碍"成为越来越沉重的话题。都市人越来越难以入睡，体质越来越下降。有报道说：现在九成的老板都带着两三种以上的病在拼搏。难怪都市人都在发出这样的喊声——活得很累！

大家都知道，日本人是有名的工作狂，因为生活的压力太大，平均每天就有100人自杀。这种玩命的工作，是在一点点透支我们的生命。越来越多的"过劳死"，为我们现代人敲响了警钟。

戒除贪婪之心，才能拥有幸福人生

呜呼！贪婪贪心，贪来的只有虚空、死亡！难道我们非要成为其中一个角色，才肯罢手吗？难道我们非要吃了亏，才肯承认这些事实吗？才肯顺服真理吗？

贪婪之心只会害人，然而，有人居然荒唐地说贪婪也可以成为工作中的一股动力，这真是一种大错特错的认识。具有贪婪之心的人，已经走到了不能自拔的境地，一旦陷入，万劫不复。利用贪婪，就等于纵容贪婪。唯一的方法，就是通过强制的手段来挽救那些陷入贪婪之境而无力自拔的人，通过法律的清洗剂来彻底清洗他们被贪婪占据的灵魂，使他们的人生得以再生。

贪婪如是一种吸毒的过程，也是一种自毁的过程。据巴西科学家研究显示，所有的贪官，其一生都是在惊恐、惶惑之中度过的，他们的生命不仅比一般人短，而且其心理无时无刻不处于一种无可名状的煎熬之中。诸多事实证明，贪婪要不得，知足常乐才是幸福。

贪与失是一种成正比的关系，在你得到一些东西的同时，你或许也失去了另外一些更重要的东西。所以，人活在这个世界上，还是要淡然一点为好，这样，你的人生才会收获更多的快乐和幸福！

💗 名利即是痛苦，淡定就是幸福

整天为名利所累，就会很痛苦

有几位朋友一起聊天，其中一位朋友说正为这一段时间老是做噩梦而痛苦。问及所梦内容，几乎全是为了一点私利而与别人纠缠不休，甚至大打出手的事。笔者便装作行家，为之解梦，劝他最近放下手中的生意，到处走走，躲一下"小人"，便可不再做恶梦。

心中有事，自然不得清闲，即使在睡梦中也一样。而醒来时，更是驱赶此身，作无尽的追求。上述例子中的朋友之所以感到痛苦焦虑，是因为他自己白日里老是想着为了蝇头小利去与人纠缠，所以才梦里不得安宁。如果整天为名利所累，万事扰心，不得安宁，即便物质生活上锦衣玉食，但精神压力不能排解，也只能痛苦万千。

古语说："天下熙熙，皆为利来；天下攘攘，皆为利往。"利当然是社会发展最有效的润滑剂，但不可过于看重名利，过于为名利奔波。

随着商品经济的发展，我们每个人都生活在讲求效益的环境里，完全不言名利也是不可能的，但应正确对待名利，最好是"君子言利，取之有道；君子求名，名正言顺"。

当然，最好的活法还是淡泊名利。因为名字下头一张嘴，人要是出了名，就会招来嫉妒，受人白眼，遭到排挤，甚至有可能由此而种下祸根。

淡泊名利，才能找到幸福乐观

人生待足何时足？名利是无止境的，只有适可而止，才能知足常乐。其实心是人的主宰，名利皆由心而起，心中名利之欲无休止地膨胀，人便不会有知足的时候。欲望就像与人同行，见到他人背有众多名利走在前面，便不肯停歇，而想背负更多的名利走在更前面，结果可能会在路的尽头累倒。知足者能看透名利的本质，心中能拿得起放得下，心境自然宽阔。

国学大师林语堂曾经说过："满足的秘诀，在于知道如何享受自己所有的，并能驱除自己能力之外的物欲。"这说明，一个人若以淡定的心态对待名利权益，就会获得内心真正的充实和宁静。

一个人如若以淡泊名利的人生态度来面对生活，他也就更易于找到乐观的一面。但许多人口口声声说将名利看得很淡，甚至摆出一副厌恶名利的姿态，实际是心中无法摆脱掉名利的诱惑而做出自欺欺人的姿态，未忘名利，所以才时时挂在嘴边。好作讨厌名利之论的人，内心不会放下清高之名，这种人虽然较之在名利场中追逐的人高明，却未能尽忘名利。

这些心口不一的人，实际上内心充满了矛盾，但名利本身并无过错，错在人为名利而起纷争，错在人为名利而忘却生命的本质，错在人为名利而伤情害义。如果能够做到心中怎么想，口中就怎么说，心口如一，本身已完全对名利不动心，自然能够不受名利的影响。那么不但自己活得轻松，与人交往也会很轻松了。

淡泊名利是一种境界，是人生所为的一种态度，是人生的一种哲学。淡泊名利，就是要超脱世俗的诱惑与困扰，实实在在地对待一切事物，豁达客观地看待一切生活。

♥ 功名利禄过眼忘，世事于我如浮云

金钱不是生活的全部，要看淡金钱

金钱名利是一部分人一生追求的目标，是这些人衡量人生成败的标尺。但是，淡泊金钱名利无疑是高雅超俗的，看淡金钱名利也是人生追求的一种态度，一种风格。

看淡金钱名利是有道理的。自古以来，有多少人为了权力甚至抛弃了尊严、抛弃了爱情、抛弃了人格、抛弃了一切。现在的社会上有很多人都是因为追求金钱与权力，而疯狂或死亡。因此，不要因为寻找一时的痛快而放下我们的初衷。其实人只要快乐就好，快乐不是要有多少的金钱，不是要有多大的权力，而是拥有真爱，渴望真爱。

我们可以对自己说不在乎名利和金钱，不在乎那些头上的光环。我们也可以说平淡的一生也很好，平凡地生活，高兴地活着。我们还可以说再大的权力再多的金钱，在我们离开这个世界的时候也都会化为乌有，这就是人们说的"生不带来死不带去"，因此，那些金钱和权力在我们离开时也无用武之地。

郑板桥的一生非常坎坷，历尽了沧桑，但是他始终能以乐观的心态对待。他因为帮助农民胜诉及办理赈济得罪了豪绅而被罢官，但是他并没有因此而忧郁沮丧，也没有因官场失意而耿耿于怀，而是毅然返回故乡，寄情于诗、书、画中，恬淡欢乐地度过晚年。

看淡金钱名利，这是郑板桥养生长寿之术。郑板桥一生当中，为人处事，不为名利，不计得失，言行一致，表里如一。他曾经写过两条著名的字幅，即"难得糊涂"和"吃亏是福"。他的这两条字幅蕴涵着极为深刻的哲理，就是不要去计较名利的得与失，求得心安。这既是其核心思想，也是他一生中为人处事的准则。

金钱是幸福生活的必要条件，然而金钱并不等于幸福，因为人类不能没有精神生活。物质生活富裕而精神生活空虚的人，就不会有真正的幸福。正如人们所说：金钱能买床铺，但不能买睡眠；能买书，但不能买智慧；能买食物，但不能买食欲；能买奢侈品，不能买教养；能买房屋，不能买家庭；能买娱乐，不能买幸福；能买药，不能买健康；能买仆役，不能买友谊。

淡泊金钱与名利，每天都有好心情

过分看重名利，你就会整日绷紧神经，挖空心思地活着。过分看重名利，你就会心浮气躁，如负重的老牛一样活得又累、又烦。过分地看重名利，你常会茶饭不香、失魂落魄。声显名赫自然是好，权高位重更加诱人。但是世上平平淡淡的凡人总是大多数，他们就需要正确对待名利金钱，需要对这些身外之物拿得起放得下，人生才能活得潇潇洒洒。

淡泊金钱与名利，就是要超脱红尘的诱惑和世俗的困扰，真真实实地对待一人一事，豁达乐观地去看一得一失。淡泊名利，就要面对生活的山水时登高放歌、临风把酒，宠辱不惊。

淡泊金钱与名利，人们就会拥有一个好的心境。天雨人悲、月黯神伤的困惑便会离你而去；无论何时，你都会平平淡淡开开心心。淡泊金钱与名利，你会感到人生的美好和生活的温馨。

人生不满百，何须名利忧。淡泊金钱与名利，天天有风景，日日是好日，时时有幸福。

💙 宫殿也有悲，茅屋也有笑

人生有时要学会眼光往下看

这世间，有的人家财万贯、锦衣玉食；有的人仓无余粮、柜无盈币；有的人权倾一时、呼风唤雨；有的人抬轿推车、谨言慎行……一样的生命不一样的生活，常让我们心中生出许多感慨。

看到人家结婚，车如龙、花似海，浩浩荡荡，又体面，又气派。想想当年自己，几斤水果、几斤糖，糊里糊涂就和自己的男人圆了房，心里就屈。

看到人家朝有提拔，暮有进步，今日酒吧，明日茶楼，而自己却是总在原地，窝在家里，像只冬眠的熊，心里就酸。

看到人家逢年过节，送礼者踏破门槛、挤裂墙，而自家却是"西线无战事"、"顿河静悄悄"，心里就妒。

看到人家儿成龙、女成凤，而自家小子又倔又犟没出息，心里就怨……

看看别人，比比自己，生活往往就在这比来比去中，比出了怨恨，比出了愁闷，比掉了自己本应有的一份好心情。

凡事总是与别人比较，或许是人的一种天性。看到人家好，人家强，凡夫俗子，哪个不心动？就算是道人法师，也要三声"阿弥陀佛"，才能镇住自己的欲望和邪念。生活的差别无处不在，而攀比之心又难以克制，这往往给人生的快乐打了不少折扣。但是，假如我们能换一种思维模式，别专拣自己的弱项、劣势去比人家的强项、优势，那样我们活得就轻松了许多。要把眼光放低一点，学会俯视，多往下比一比，生活想必会多一份快乐，多一份满足。正如一首诗中所写："他人骑大马，我独跨驴子，回顾担柴汉，心头轻些儿。"再说骑大马的感觉也并不一定就是我们想象的那么好，也许跨着驴子，优哉游哉，尚能领略一路风光，更感悠闲、自在。

宫殿里有悲哭，茅屋里有笑声

理性地分析生活，我们也会发现：其实，终其一生，生活对每一个人都是公平、公正的，没有偏袒。人生是一个短暂而漫长的过程，在这个过程中每个人所拥有和承受的喜怒哀乐、爱恨情仇都是一样的、相等的。这既是自然赋予生命的权力，也是生活赋予人生的权力，只不过我们享用、消受的方式不同而已。这不同的方式，便演绎出不同的人生。

于是，有的人先苦后甜；有的人先甜后苦；有的人大喜大悲、有起有落；有的人安顺平和、无惊无险；有的人家庭不和，但官运亨通；有的人夫妻恩爱，却事业受挫；有的人财路兴旺，但人气不盛；有的人俊美娇艳，却才疏德亏；有的人智慧超群，可相貌不恭……正如古人说"佳人而美姿容，才子而工著作，断不能永年者"。人间没有永远的赢家，也没有永远的输家，这一如自然界中，长青之树无花，艳丽之花无果；雪输梅香，梅输雪白。

有些人羡慕那些名星、名人，认为他们日日淹没在鲜花和掌声中，名利双收，世间苦痛都与他们无缘。须不知他们也有难念的经，如某名导的儿子是弱智；美国总统里根曾几度风光，晚年却备受老年痴呆症的折磨……

俗话说，人生失意无南北。确实，宫殿里有悲哭，茅屋里有笑声。只是，平时生活中，无论是别人展示的，还是我们所关注的，总是其风光的一面，得意的一面，这就像女人的脸，出门的时候个个都描眉画眼、涂脂抹粉、光艳靓丽，这全都是给别人看的；回到家后，一个个都素面朝天。这就难怪男人们感叹：老婆还是别人的好。于是，站在城里，向往城外，而一旦走出围城，才发现生活其实都是一样的。

每个人都有顺心和不顺心的事，幸福的人不会为了幸福去追求那些他们没有的东西，而是从自己的拥有中去获得幸福。学会满足的艺术，满足于自己所拥有的，我们就能变得快乐幸福。

看淡不平，生活的真谛是淡然

接受生活的不公，并努力改变

生活中常有不公平的事情出现，你努力了，付出了反而没有得到回报的事情也不仅只出现在你的身上。由于地球是圆的，总有一些人站在圆的切线点上比你早几分钟看到太阳。人生的事情，很难做到公平，有些人生下来或许就含着"金钥匙"，而有些人或许生下来身体就不完整，这些都是我们先天无法掌握的，只能接受。面对着这些所谓的不平，平庸之辈只会埋怨，而不以实际行动去改善，结果差距越来越大；智者则会坦然地接受它们，积极地用后天的努力去改变这种不平，赢得自己的人生，也赢得了更多的敬佩。

看淡生活的不平，便是懂得如何生活

生命和生活有时候并不如我们想象中美好，它们对于我们每一个人的待遇都有所偏心，有的人确实生于荣华，处于丰顺；有的人或许就没有那么多天生的优势。不过相信上帝在为你关上一扇窗的同时，肯定为你打开了另一扇窗。看淡这些不平，才能潜心去做正经的事情。我们的心和胸怀就那么大，如果装满了埋怨和愤愤不平，又怎么能有心思去探索自己的梦想呢？

生活的真谛是淡然。面对人生的不公，不可强求，安心做好自己的事情就够了。生活就是如此，它给了你什么你是无法改变的，不如坦然

地接受，利用它赋予你的东西去实现自己的人生价值。看淡生活的不平，便是懂得如何生活。懂得生活的人，不仅仅是成功的人，也是智慧的人。没有什么可以完全按着你的意愿去发展变化的，有时候付出了，努力了反而没有回报的事情并不代表它们白白付出，相信它们肯定会以其他形式，在其他方面补偿你的。付出和回报有时候展现出的不平衡，只是暂时现象，需要从长远的角度来看。然而有的人偏偏不懂这一点，他们不把精力放在奋斗上，放在探索人生上，反而苦苦追寻着平衡，换来的也不过是劳累罢了。真正的愚蠢便是这样不懂生活，只会怨天尤人。

生活的真谛是淡然。面对人生的不公，不可强求，尽心做好自己的事情就够了。生活就是如此，它给了你什么你是无法改变的，不如坦然地接受，利用它赋予你的东西去实现自己的人生价值。

🧡 行到水穷处，坐看云起时

做人要有宠辱不惊、去留无意有心境

现在许多人都觉得活得很累，不堪重负。大家都很纳闷，为什么社会在不断进步，而人的负荷却更重，精神越发空虚，心态越来越浮躁。的确，社会在不断地前进，也更加文明了。但是，文明社会的一个最大缺点就是造成人与自然的日益分离，人类以牺牲自然为代价，其结果便是陷于世俗的泥泞中无法自拔，追逐于外在的礼法与物欲而不知什么是真正的美。金钱的诱惑、权力的纷争、宦海的沉浮让人殚精竭虑。是非、成败、得失，让人或惊、或诧、或喜、或悲、或忧、或惧，一旦欲望难以实现，想法难以成功，希望落空成了幻影，就会失落、失意乃至失志。

失落主要是一种心理上的失衡，自然需要靠失落的精神现象来调节；失意是一种心理倾斜，是失落的情绪化与深刻化；失志则是一种心理失败，是彻底的颓废，是失落、失意的终极表现。而要克服这种失落、失意、失志就需要宠辱不惊、去留无意的心态。

对事对物、对名对利应有的态度是：失之不忧、得之不喜、宠辱不惊、去留无意，这样才可能心境平和、淡泊自然。

如何才能做到宠辱不惊、去留无意

宠辱不惊，去留无意，说起来很容易，做起来却是十分地困难。我

们都是凡夫俗子，红尘的多姿、世界的多彩令大家怦然心动，名利皆你我所欲，又怎能不忧不惧、不喜不悲呢？否则也不会有那么多的人穷尽一生还要追名逐利，更不会有那么多的人失意落魄、心灰意冷了。我国古代的贬官文化即是此明证。这关键是你如何对待与处理的问题。

首先，要明确自己的生存价值，"由来功名输勋烈，心中无私天地宽。"如果心中没有太多的私欲，又怎么会患得患失呢？

其次，认清自己所走的路，得之不喜，失之不忧，不要过分在意得失，不要过分看重成败，不要过分在乎别人对你的看法。只要自己努力过，奋斗过，做自己喜欢做的事，按自己的路去走，外界的评说又算得了什么呢？陶渊明式的魏晋人物之所以如此豁达风流的原因，就在于淡泊名利，不以物喜，不以己悲，才可以用宁静平和的心境写出那洒脱飘逸的诗篇来。这正可谓真正的宠辱不惊、去留无意。

将这一精神发挥到极致的是唐朝的武则天。死后立一块无字碑，千秋功过，留与后人评说。一字不着，尽得风流。这正是另一种豁达，另一种宠辱不惊、去留无意。

"行到水穷处，坐看云起时"，这才是人生的最高境界。

只有做到宠辱不惊、去留无意，才能心态平和，怡然自得；才能达观进取，笑对人生；才能淡泊宁静，快乐幸福。

PART 8

难得知己，有朋友的旅途不寂寞

朋友是不离不弃、陪伴一生的知己。

朋友是黑夜中的明灯，是伤心时的安慰，是心照不宣的默契。

朋友会在你成功时衷心地祝福，在你失败时真诚地安慰。

在人生漫长的道路上，我们每个人都需要来自朋友的关照、支持、慰藉。

难得知己，知己难得，有朋友的旅途不寂寞，有朋友的人生才幸福。

♡ 人生道路不能缺少朋友

朋友是让你受益终生的人生资源

从古流传至今的"君子之交淡如水"的真谛是什么呢？

事实上，好朋友贵在交心，深厚的友谊无需靠丰盛的宴席作为铺垫。为共同的事业、共同的目标一起奋斗的伙伴，彼此之间有着共同的追求，因此也对彼此有着深深的理解。这种友情，是工作顺利时的快乐分享，是患难与共时的相依相偎，更是遭遇困难时的鼎力相助。如果没有这种精神上的协调一致，即使时时相伴左右也是面和心不和。

有的人认为同事之间没有真正的友谊，其实同事之间共同为事业奋斗，即使个性、爱好不大一致，只要有大体相同的理想，为共同的目标工作，也能建立起深厚的友谊。如果觉得性格志趣合得来就每天形影不离，合不来就慢慢相互疏远，这样的做法只能在同事之间形成小团体，产生一种不和谐的气氛。

朋友作为一种资源，不仅能在我们需要帮助时伸手扶我们一把，而且在相互交往中能使我们学到许多东西，从人脉资源中获得一种受益终生的"人生资源"。

通过与朋友的交往，能够更加深入、全面地了解自己

通过与朋友的交往，我们能够更加深入、全面地了解自己。以为自己最了解自己，是每一个人都容易犯的一个毛病。事实上，我们对自己的认识极为有限，几乎无法具体地描述自己的个性、能力、长处和短处。一般，人们所认为的"这就是真正的自己"，通常只看到"有意识的自我"和"行动的自我"，而这些仅仅只是自我的一部分而已。

全面地认识自己的唯一办法就是拿自己与周围的人比较，或者从与人的交往中逐渐看清楚别人眼中的自己。人们有时候必须在多次受到长辈的斥责和朋友的规劝之后，才能恍然大悟，真正达到自知之明。"以人为镜，可以明得失。"失去了别人这面镜子，我们将无法知道自己是什么样子。

通过与朋友的交往，我们能够更加深入、全面地了解人生。漫漫人生旅途中，每个人无时不在受着他人的影响，这些人可能是父母、亲友，也可能是自己的上司和同事。从他们身上，我们不仅可以更全面地认识自己，而且可以更好地了解整个社会，同时也会从他们的生活态度中认识人生的另一个侧面。

"三人行，必有我师"，身边的每一位朋友甚至路人，他们其实都可以成为我们人生中的老师，因为每个人身上都有各自不同的长处。我们要善于取长补短。我们可以从他们的处事、思维的角度，甚至一个细微的动作或表情，学到人生中细微的知识，这些是书本中学不到的"真金"。

♥ 和朋友们相约在幸福的大道上

友谊使我们领略到了生命和幸福的意义

俗话说："在家靠父母，出外靠朋友。"此话说得很好，出门在外，没有几个能够托付身心的朋友，人生岂不太孤独无援了？培根说："缺乏真正的朋友，乃是最纯粹、最可怜的孤独。"的确，没有友谊，没有关心，没有爱的人生是不幸的。

在现代社会，"相交喻于利"，人际关系越来越建立在各自利益的基础上，而那种互相勉励、互相帮助，患难与共的兄弟般的情谊已日渐稀少。这或许正是现代人生活富有却只能孤芳自赏的原因所在吧！

有一位在外企工作的职业经理人谈到友谊时曾说："我真希望为自己找一个知心朋友，我有不少生意场上的朋友，但无一是可称得上知己的，我感到十分孤单。偶尔心血来潮，毫无缘由地打电话，结果仅仅是问个好，谈天说地的事从来没有过——根本就没有这样的对象。"没有朋友，没有友谊，结果陷在孤单的漩涡中。这真是现代人的悲哀！

敞开友谊之门吧，很多时候，我们抱怨孤独，抱怨没有真正的朋友。其实，是我们自己先把自我封闭在一个狭窄的世界里了，假如你不先伸出友谊的手，却希望人家来握你的手，何异于想"在沙漠里抓鱼"呢？敞开你的心扉，主动结交一些真正的朋友。当你孤独时，当你烦恼时，不妨打个电话给朋友，不妨邀朋友一块散散步，或是共进晚餐，或者亲自去看望一下久违的朋友……做完这一切后，或许你会突然发现：

有个朋友真好！和别人不能说的话，和朋友却可以说；有了困难，还是朋友鼎力相助；自己卧病在床，是朋友手捧鲜花前来探望……友谊使我们领略到了生命和幸福的意义。

结交有见识的朋友

对于友谊，我们应认清什么是真正的朋友。在交友时，应多交益友，而不应与唯利是图的小人或酒肉之徒结为朋友。建立在金钱关系上的朋友不可靠，人之相知，贵在知心，正所谓"浇花浇根，交友交心"。真正的朋友，当你走投无路的时候，能够给你有力的鼓励，而当你趾高气扬的时候，也敢于为你"浇冷水"；真正的朋友，是不会张口就是友谊，闭口就是义气的，他们不会向你提什么要求，却会在你困难时挺身而出。爱因斯坦说："世间最最美好的东西，莫过于有几个头脑和人品都很正直的朋友。"与有见识的朋友结交，与敢进直言的朋友结交，实乃是人生的一大幸事。交友能达到这种境界，你就可以慨叹"人生得一知己足矣"了！

庄子云："君子之交淡如水，小人之交甘若醴。君子淡以亲，小人甘以绝。"貌似淡如清水的友谊，其实最忠诚可靠。这样的友谊，恰似陈年老酒，身处其中，你会越品越浓，越品越香，越品越快乐！

爱因斯坦曾说，世间最最美好的东西，莫过于有几个头脑和人品都很正直的朋友。因此，我们一定要善待你身边的这样朋友，珍惜友情！

♡ 珍视与你共患难的朋友

结交同患难的朋友

朋友有很多种，酒肉朋友、意气朋友、知心朋友……朋友必须经过周密地考察并经过考验的。交一个朋友，无论对其意志力还是理解力，都必须事先进行检验，要观察其是否值得信赖。可是有不少人对此并不很在意，感到多此一举。要了解一个人往往根据他的朋友就能够判断出他的为人，比如智者永远不与愚者为伍。

朋友要精心挑选，不能随意结交。聪明的朋友则能够驱散忧愁，愚蠢的朋友只会聚集忧患。而真正的朋友必须是能共患难的。

有的朋友是为了在借钱的基础上和你交往的，如果你某时囊中羞涩不能帮他的忙，他就会认为你不再是他的朋友了，这种人是以钱来衡量友情的人；有的朋友是为了你的社会背景可以结交你的，如果你发现这样的事情不合理而拒绝的时候，他就会认为你高高在上看不起人，这样的人是以你能不能帮他的忙为标准来看待友谊的人；有的朋友是为了占各种便宜和你做朋友的，当你没有便宜给他占的时候，他就会认为你是小气鬼。不懂得付出，只会索取的人，是以别人能不能无偿给他好处来看待朋友的。

不论谁，不论是在工作中，还是在生活中，都需要几个能够同甘共苦的"知己"级别的贴心朋友，这一点十分重要。知心朋友的作用，不仅仅是在当自己有了困难时，有人会主动出面、及时帮忙，而在于心灵的相互扶持。

人一生或许会有许多"朋友"，但是真正能够同甘共苦的绝对不多。尤其是在职场上，经常打交道的人，相互之间大多都有利益关系，很难走到亲密无间的程度。所以许多人觉得，真正的朋友大多是上学时的同学。正是由于真正的知己难得，一旦拥有，就要像爱护自己的财物一般，时时保养，倍加珍惜。

发现和培养与你共患难的朋友

从道理上讲，对朋友需要一视同仁，但事实上，朋友的确需要区分三六九等。那么，什么样的朋友才能算得上是能够共患难的朋友呢？

英国诗人拜伦说："趋炎附势的人，不可与其共患难。"就像寓言故事中"爬树"的那位，平时或许也可以算得上是很好的朋友，但在特殊环境或条件下，他为了自己，会毫不犹豫地抢占自己的利益地盘，甚至把朋友推下深渊。类似于此的趋炎附势的人，只能成为泛泛之交，绝对不可能共患难。这种人，在平时工作中，只要留心，打过几次交道后，就会发现。

能够共患难的朋友不是一朝一夕就会得来的，需要长期的培养和发现。所谓能够共患难的朋友也就是知己，知己也可以称为刎颈之交。《史记·廉颇蔺相如列传》有这样一句话："卒相与欢，为刎颈之交。"讲的是为大家熟知的蔺相如与廉颇将军的故事，也就是廉颇袒胸露背，背着荆条向蔺相如请罪的感人故事。

蔺相如与廉颇为什么后来能成为刎颈之交？并不是一见面就好得不得了了，而是经历了曲折的交往甚至斗争过程，最后才情感相融、友情交汇，达到心心相印的程度。也就是说，能够共患难绝对不是主观的东西，而是在工作或生活过程中，经过不断考验、培养与磨合，形成的一种牢固的情感关系，并非唾手可得。

　　"将相和"的故事使我们更加明白，什么样的人才能够成为可以共患难的朋友，一生得一什么样的知己才能足矣，才能"斯世当以同怀视之"。

　　朋友之间共安乐易，共患难难，只能共安乐的不是真朋友，能够共患难的才是真朋友。正是由于真正的知己难得，一旦拥有，就要像爱护自己的财物一般，时时保养，倍加珍惜。选择了一个真正的能够共患难的知己好友，也就获得了一份可以受益终生的宝贵财富。

💙 对待朋友的过错要快乐包容

以一颗宽容之心对待朋友的错误

周华健的一首《朋友》不知道唱出了多少人的心声："一句话一辈子，一生情一杯酒，朋友不曾孤单过，一声朋友你会懂。"大千世界，茫茫人海，与我们擦肩而过的人很多，和我们相识的人也是不计其数。但和我们有血缘关系的亲人就是屈指可数那么几个，除了亲人之外，还有另外一种人，这种人尽管和我们没有血缘关系，但像亲人一样关心我们，爱护我们，帮助我们，在乎我们，这种人就是朋友。

一个人一生中有一个真正的朋友是一件幸事，但是，找到一个真正的朋友也是一件很不容易的事。

人非圣贤，孰能无过，每个人都有犯错误的时候，朋友也不例外。当朋友损害了我们的利益时，应该以一颗宽容之心对待他，这样，我们自己的心灵不但能得到解脱，同时我们的宽容也能拯救朋友堕落的灵魂。

若朋友未能满足我们的需求或有什么过错，甚至做了对不起我们的事情，切不可怀恨在心。因为怨恨不仅会加深朋友间的误会，影响友情，而且还会扰乱正常的思维，引起急躁情绪。凡事要换个角度想想，这样或许能够理解朋友的所作所为。《菜根谭》中有句话："径路窄处，留一步与人行；滋味浓时，减三分让人尝。此是涉世的极乐法。"在道路狭窄之处，应该停下来让别人先行一步。只要心中常有这种想法，那么人生就会快乐安详。因此走不过的地方不妨退一步，让对方先过，就是宽阔的道路也要给别人三分便利，有礼也要让三分。

宽容朋友让你获得幸福感

有时候朋友的伤害往往是无心的，而帮助却是真心的。很多时候我们却对那些芝麻大的伤害斤斤计较，对那些莫大的帮助视而不见，心里留下的也只有无穷的幽怨与烦闷。

原谅一个人有时候能使之再生，对其心灵会造成莫大的震撼。宽容需要有一颗博大的心，它可以使自己最大限度地减少麻烦，不为一点小事斤斤计较。因此我们更不要把朋友之间的怨恨常记心头，否则这在带给对方心灵上折磨的同时也给自己带来了痛苦，使自己活在怨恨的影子里无法自拔。

有一位哲人说过："一分钟可以认识一个人，一小时可以喜欢一个人，一天可以爱上一个人，但一辈子也忘不掉一个人。"当我们看到这里，我们感受到什么？在这漫长而又短暂的一生中，想找一个知音是多么不容易啊！而在日常生活中，就算最要好的朋友也会发生摩擦，就算最亲近的故人也会有误解，我们也许会因为这些摩擦、误解而分开，但每当夜阑人静时，我们总会想起过去美好的回忆，才会觉得只有他最了解我们的心，而此时已是我在天涯，他也在海角了……

请珍惜我们身边的朋友，告诉他们，在我们心中他们有多重要，而我们有多在乎他们吧！这样，我们就会有越来越多的朋友！拥有越来越多的幸福！

朋友关系在于经营，需要我们用心去维护，"人情反复，世路崎岖。行去不远，需知退一步之法；行得去远，务加让三分之功。"以宽厚之心对待朋友。此话是朋友相处的至理名言。

🫀 去除功利心，幸福友情不打折

不苛求，才能交到真正的朋友

朋友或许是以这样的方式出现：肝胆相照、两肋插刀、彼此信任、有所担当。如果碰到这样的朋友，那算是自己千年修来的缘分。高山流水遇知音，此生有此一人足矣。

但我们的大多数朋友却是这样的：关系比较密切，肝胆相照但不一定会两肋插刀，彼此信任但不完全信任，有所担当但得付出相当。这样的朋友也算难得，会说真话，也做真事。

更有一些朋友是为了彼此需要，互相吹捧，出于利益的来往，与感情无关，与道德无缘，唯有利益和需要决定彼此来往的密切程度。

所以对朋友不要过于苛求，倘若是第二类朋友，能说真话做真事在如此世间也是很少，这就值得重视和珍惜。只在平时少些计量，多些宽容，少些提妨，多些真诚。如此则好。

朋友之间怎样相处是一门很深的学问，有的人甚至用毕生的精力也没能研究透彻。多少不甘寂寞的人穷究原委，试图领悟到友谊真谛，希望能拥有一段轰轰烈烈的友谊。然而友谊哲理的复杂性，使人们不可能在有限的时间内洞悉其全部的内容。

计较越少，朋友越多

"水至清则无鱼，人至察则无徒"，对朋友不要太计较。太计较了，就会对什么都看不惯，连一个朋友都容不下，把自己同社会隔绝开。镜子很平，但在高倍放大镜下，就成了凹凸不平的山峦；肉眼看很干净的东西，拿到显微镜下，满目都是细菌。试想，如果我们"戴"着放大镜、显微镜生活，恐怕连饭都不敢吃了。再用放大镜去看朋友的毛病，恐怕许多人都会被看成罪不可恕、无可救药的了。

人非圣贤，孰能无过。与朋友相处就要互相谅解，经常以"难得糊涂"自勉，求大同存小异，有胆量，能容人，我们就会有许多朋友，且左右逢源，诸事遂愿；相反，过分挑剔，"明察秋毫"，眼里不揉半粒沙子，什么鸡毛蒜皮的小事都要论个是非曲直，容不得人，等等，这样一折腾，朋友也会躲我们远远的，最后，我们只能关起门来当"孤家寡人"，成为使人避之唯恐不及的异己之徒。

有时朋友冒犯我们，其中肯定是另有原因，不知哪些烦心事使他此时情绪恶劣，行为失控，正巧让我们赶上了，只要不是恶语伤人、侮辱人格，我们就应宽大为怀，或以柔克刚、晓之以理。总之，没有必要与朋友瞪着眼睛折腾。

善待朋友是一件纯粹的精神上的快乐之事，其意义也常在此。如果苛求回报，付出就会大打折扣，失望就会痛苦地隐伏。毕竟你待他人好和他人待你好是截然不同的两码事，就如同给予和获得一样。你的善良只能感染得别人也善良或者淡化别人的恶意，但不要奢望让其彻底转变。当然，如果你能遇到像你一样善待他人的人善待你，那么你该庆幸那是你今生最大的幸福。

善待朋友，我们需要有良好的修养、善解人意的品质，并且需要经常从对方的角度设身处地地考虑和处理问题，多一些体谅和理解，就会多一些宽容，多一些和谐，多一些友谊，多一些幸福。

♡ 向优秀的朋友看齐，成就优秀自我

与优秀的人交友，你会变得优秀

好人的一生是培养美德的活生生的教材，同时也是对邪恶的最义正词严的驳斥。优秀的品格通过优秀的人的影响四处扩散。因此，与优秀的人交友会让自己也变得优秀。

一个人是否有高尚的道德，可以通过和他交往的朋友来判断。一个光明磊落的人不会与一个偷鸡摸狗的人交往；一个洁身自好的人不会与一个荒淫放荡的人做朋友；一个举止优雅谈吐得体的人也不会和一个粗俗野蛮的人在一起。

与优秀的人交友，我们就会从中汲取别人的精华，使自己得到长足的发展。如果我们与一个堕落的人为伍，首先表示自身品位极低，而且有趋向邪恶的倾向，甚至有可能会受其影响走向堕落。即使当时不会造成影响，但在心灵上也会撒下邪恶的种子。而这种子必定会在将来的某一天萌发。因此，我们如果能够小心谨慎地在社会中找到那些自己学习的榜样，并在生活中努力模仿他们，就会使自己受到良好的影响和明智的指导。

一个人的品格会影响生活的方方面面；一个具有优秀品格的人会给自己的朋友们定下生活的格调并提高同伴们生活的激情。而一个品德败坏的人则会败坏同伴的品格。

与优秀的朋友一起成长成功

下面是印度传教士亨利·马丁在杜鲁初级中学上学时所发生的故事。

当时的马丁体质十分虚弱，而且有轻微的神经质，由于缺乏活力，他对学校的一切活动似乎都失去了兴趣，再加上性情急躁，一些年龄大的学生总是故意激怒他，并以此取乐，还有一些学生甚至欺侮他。

然而，有一个大一点的孩子，却和马丁有着浓厚的友谊，他总是把马丁置于他的保护之下。他总是站在马丁和欺侮弱小者的人中间。他不仅使马丁免遭欺侮，而且帮助他学习功课。

虽然马丁是一个相当愚笨的学生，但他父亲还是决定让他接受大学教育。在他15岁那年，他父亲以为他能得到一份奖学金而想把他送进牛津大学，但他未能如愿以偿。他在杜鲁初级中学继续待了两年，而后他去了剑桥，在剑桥的圣约翰学院注了册。在那里，他又遇到了在杜鲁初级中学的那位伙伴。他们的友谊进一步加深，从此以后，这位稍长的学生成了马丁的指导老师。此时，马丁已能够应付自己的学业，但是仍然容易激动，脾气暴躁，偶尔会发泄自己难以抑制的愤怒。相反，他这位年纪稍大的朋友却情绪稳定、富有耐心、勤奋刻苦。而且，他时时刻刻照顾、指导和劝勉自己这位易怒的同学。他不允许马丁结交邪恶的朋友，劝他认真学习。这位朋友的帮助使马丁在学习上进步很快，在第二年圣诞节的考试中他名列年级第一。然而，马丁的这位友善的朋友和指导者自己并没有取得什么辉煌的成绩，他被世人淡忘了。虽然不为人所知，但他很可能过着一种有益的生活。他生活中崇高的理想曾经帮助朋友形成良好的品格、激发他追求真理的精神，为他日后崇高的事业打下了基础。

请记住：我们会受益于我们周围正直的人的思想、举止和个性的影响；同时，我们的伙伴也会在消极的方面影响我们。无论小孩还是大人，如果跟一些吸烟的人在一起就比跟不吸烟的人在一起更容易染上吸烟的习惯，这对于饮酒、偷盗、说谎等一系列的恶习是一样的。幸运的是，我们有权利和能力选择与谁在一起。一个正直可信的人胜过千万个没有品格的人。

同喜欢积极事物并且鼓励我们的计划和理想的人做朋友，多与一些真心希望我们成功的优秀的人交往，会增强我们人格的魅力，增长我们分析解决问题的能力，使我们不至于迷失自己人生的目标和方向，同时也会为我们自己开辟一条通向成功和幸福的道路。

♡ 珍惜人生中纯洁的"青衫之交"

异性朋友让你的生命会有色彩更丰富

在很多书籍或影视剧里经常会出现"红颜知己"这样的角色。对男性而言，红颜知己便是与他在人格上平等、思想上独立、能够懂得他内心的女性。但是，却少有人知道什么是"青衫之交"。青衫之交是站在女性的角度上去说的，指的就是能够和她进行灵魂上的交流，懂得她、尊重她、欣赏她的男性。有的人也把他叫做"蓝颜知己"。

不管是红颜知己，还是青衫之交，这两个不同性别的人之间，有着超越爱情的感情。两人之间只会有灵的沟通，而不会有性的结合。把这样两个人紧紧联系在一起的，是彼此的心意相通、绝对信任和互相扶持。异性之间的差别是如此的巨大，你能够从他身上学到的东西必定非常不一样，令人受益匪浅。

所以，交一个不谈性的异性朋友，让他成为你的红颜知己或者青衫之交，你的生命会有更丰富的色彩。

与异性朋友一起畅游人生

你们可以一起去喝酒，是有好事庆祝也好，是发泄工作上的不满也罢，甚至仅仅只是为了见见面说说话。不用像和别的异性在一起那样，一会儿要照顾对方的情绪，一会儿又要考虑到自己的绅士风度或者淑女情怀。你们在一起，没有不自在，没有瞻前顾后，好得就像哥们儿或者闺蜜。喝酒就痛痛快快地欢饮，不在乎什么酒后失态，也不考虑什么安全不安全。你们之间有着绝对的信任、理解和尊重。

你们可以一起去旅行，那肯定是和同性旅游不一样的经历。没有暧昧之情，也不是谋求进一步的发展。你们只是渴望不顾世人的眼光，进行一次不一样的交流。在旅行的过程中，他宽厚的肩膀可以提供给她保护和安全感，而她的细腻和温柔又能够照顾好他，让这段旅程更加怡然自在。最重要的是，由于性别的差异，他和她在旅行中的心得体会肯定是不一样的。这种交流会给对方打开一个不一样的视野。这样的沟通也会是更有益的。正是看到了这些难得的好处，你们才展开了一次又一次的结伴之旅。

你们还可以一起看书，一起吃饭，一起运动，一起聊八卦，一起谈人生，总之一起做好多好多的事情。

如果你们俩都是单身，绝不会成为对方找到另一半的障碍，甚至还可以互相给对方介绍男女朋友。

如果有一方或者双方都有了家庭，可能刚结婚时你们的关系会变得有些尴尬。自己的伴侣会不理解，会吃醋。那么就请你平衡好家庭和他（她）的关系，以你们之间纯洁的感情赢得另一半的信任。不要伤害你的家人，也不要疏远你的知己。你们只要一如既往就好。

异性知己能和你分享人生的痛苦和幸福。拥有一个纯洁的异性知己，是自己一面独特的镜子，也是值得珍惜的人生财富。他不是你的另一半，却是你的另一面。

♡ 和朋友分享彼此的痛苦和烦恼

给痛苦中的朋友送去你的问候和关心

朋友既是能够在一起分享快乐的人，又是能和你一起承担痛苦的人。有时候，朋友的一句问候、一声安慰里传递的温暖和力量都是巨大的。

如果朋友正在痛苦中，一时间可能找不到合适的言语和行动来安慰，这时候千万别懊恼地走开，因为此时朋友最需要我们的力量来支撑。其实，并不需要你做什么具体的事，事情已经发生，就让它在时间的洪流中淡化，我们只要默默地陪伴他。

如果你不在朋友身边，打个电话跟他说一句："我在想你呢，希望你快点好起来。"安慰一个人不能简单地说，一切都会好起来的，或者一切都会过去的。倒不如说："我知道你很难过，如果是我，也很难扛过去。"这表达你的重视和理解。也不要轻易说，你一向都是那么坚强，这会使对方为了不使你失望，而不愿在你面前表露他的痛苦。相反，你应该让对方感觉到你愿意倾听和分担他的痛苦。

如果可以的话，你可以放下电话后，亲自跑到朋友的身边，陪他度过最难过的时刻，也许你不需要说太多，只要静静地待在他的身边，这时最好的劝慰就是沉默。如果你的朋友心里很烦躁，不要一个劲儿地去追问他怎么了，和他单独在黑暗中坐一会儿，什么都不要说，把房间的灯全部关掉，或者傍晚在楼下的公园，要不就选在楼道里，两个人坐一会儿，要不就仰望天空，要不就看公园中的零星人群，或者就坐在楼道靠近窗户的地方，两人默默相对，或者握住他的手，扶住他的肩膀，将你的力量传递给对方。这可能对于正在经历痛苦的朋友是一种最大的安慰。

想想正在痛苦中的朋友，多关心他们，因为有一天你也需要他们的温暖。朋友之间最珍贵的不是只在一起快乐，而是在对方需要帮助的时候，自己能够伸出援手，能够和他一起分担。

找个知己朋友，倾诉你内心的郁闷

生活中有开心有不开心，人的情绪也总是千变万化。我们的情绪是主导身心的重要部分，一个乐观积极的人，其工作效率和生活激情，大多定是比悲观主义者要高得多。也就是说，在消极情绪占了主导，或是内心太过于沉重的情况下，肢体也会作出消极倦怠的反应，头脑亦会沉溺在不理智的思维之中。

太过繁忙的生活将自己驯化成为一个机械式的人，坐在堆叠的工作中以最高的效率运转，暂时逼退消极面的自己。

可是，试想一个气球：在充气的过程中，它可以用一用力，撑大，撑大，撑大，接受包容那些外界的气体，将它们装起来，储存在自己有限的空间里。可是到最后，当内部的压强最终大过了外界时，它还是会爆裂。人的情绪也是会累积成不能忍受的烦躁情绪，过一段时间，会发作、会爆裂。

因此，每隔一段时间要给自己一个"任性"的机会，好好与自己的知己朋友深聊一次，倾诉你内心的郁闷。有了郁郁寡欢的情绪，烦恼揪心的事情，不知所措的疑问，只有真正信赖的人，才能给你真正的安慰与帮助。

在和朋友聊天时，你可以将这段时间的疑惑、构想、不安，都倾倒出来，并在与对方的谈话中了解对方的生活、状态，珍惜和关心重要的友人、知己，并从他的身上，吸收自己可以尝试的想法，学习能够汲取的经验教训，不断完善、肯定自己。把自己的不良情绪全都消耗，让自己轻松地面对明天、面对生活。

人生路上，经常和朋友分享彼此的痛苦和烦恼，可以相互间给对方以信心、勇气和力量，提高自己对人生的认识，增强成就感和幸福感。

♡ 和朋友探讨纠正自己的缺点

虚心向朋友求教，剖析自身缺点

在社会中，许多人都有一张不同于真实自我的面具。人们戴上面具，在自我保护的同时，也淡了人与人之间的关系。而人与人之间需要的就是真诚相待。真诚、坦率、机智是人生的三大法宝，恰当地运用它们，不仅可以打破困窘，而且能够成为事业和生活成功的得力武器。

对朋友，不用刻意掩饰，哪怕是你脆弱、窘迫的一面，这样反而能赢得朋友的信任，因为信任总是相互的。

你自己可能总在苦恼如何克服自身的弱点，那么，跟朋友一起认真探讨一下，也许站在旁观者的角度，他会有很好的建议。也许你对自己的弱点还认识得不够，你应该诚恳地请求朋友对你做一个客观的评价，作为朋友，他应该对你的弱点了解得比较清楚。当朋友指出之后，你首先必须对照一下自身，是不是真的有这种情况呢？对朋友的批评要虚心接受，因为朋友的忠告是为了帮助你杜绝错误。

怎样克服自身的弱点，你自己应该也有见解，对朋友说出你的想法和决心，让他帮忙分析一下可行性。然后，再请求朋友给你出出主意，你也可以针对朋友的建议提出自己的看法，因为这是个探讨的过程，目的是为了最后能达到一个最佳的可行方案。

达成一致意见后，为了慎重起见，你最好拿出纸和笔，将以上方案记录在册，以备行动时作为指南，时时遵照。

请求朋友督促，不断改正缺点提高自己

人人都说，旁观者清，也许别人比你自己更清楚你的为人，尤其是你的弱点，因为自己常常由于自傲自负，而看不到自己的短处。

找一个非常熟悉你的朋友，让他毫不客气地指出你所有的毛病，不管用什么样的言辞，最好不要讲什么朋友的情面。你可以自己先开个头，说出你对自己的认识，对自己哪些方面深恶痛绝，而又无可奈何。然后请你的朋友对你做出评价，也许有些方面是大家对你的共识，而你自己也认识到了，而某些方面你还没有认识到，并不知道你在别人眼里是这样的。可能，某些方面你认为是自己的缺点，而在别人眼里却不那么认为，因为凡事都是一分为二的。因此，你也不必对自己的缺点灰心丧气，如果往正确的方面引导，缺点也可以变成优点。

你的态度首先要谦虚诚恳，如果朋友说到你的痛处，可能是你平时比较忌讳的，或者有些方面是你不太认同的，你有你的解释。记住，朋友现在是在帮你，而不是在恶意揭你的短，所以，无论朋友说什么，首先都要诚恳地表示接受，并表示感谢。如果你觉得有什么委屈和苦衷，你可以心平气和地向你的朋友解释，但是无论如何，这也表示你的某一方面在别人眼里并非如你所想的那样，这也是你为人欠缺的地方。

分析完所有的缺点，接下来该想办法改善这些缺点，与你的朋友一起出谋划策，可能很多方面是你以前想到过的，并试图去努力改正的，但是却屡屡失败。也许很多时候都是由于你的毅力不够，决心不够，那么，这次，向你的朋友发誓，表明你坚定的决心，并要求他作为你的监督者，往后督促你不断改正缺点，提高自己。

　　朋友就是一面镜子，可以关照我们的内心，纠正我们的错误。拥有一个正直忠诚的朋友，是人生最大的财富之一。

💗 馈赠礼物，为友情增添一份温情

礼物为友情增温

友情是没有功利性的，但友情也需要悉心维护，这样才能越来越牢固，越来越亲密。和朋友约会小聚，对你来说也许是件很平常的事，吃顿饭、喝个茶，或是看场电影，时间久了、次数多了，也许有些平淡如水，似乎少了几分期待或是雀跃。这时候，你就可以花点心思，创造一点惊喜。

一次惊喜并不是故作浪漫，只是让你和朋友之间的感情更美好，让彼此感觉到对对方的重视和关爱，所以想制造惊喜其实很简单，如果两个人的友情很坚固，你们需要的是在平实寻找浪漫，在现实中搜集感动的片段。

例如你们可以在忙忙碌碌的日子里，约个时间小聚一下，给对方带个小礼物。礼物并不需要大肆铺张或是怎样绞尽脑汁做到如何与众不同，关键是心意，一件小巧且容易买到的东西也未尝不可，譬如一束花、一盒糖或一瓶酒，最重要的是你要告诉你重视的朋友，你为什么会选择在这个时候送上这样的礼物，有可能是一句玩笑话，有可能是关心体贴的问候，不管是什么，如果对方也那么在意这份情谊的话，他也会高兴自己的人生中遇到你；但是，如果你真的很在意很喜欢这个人，又很了解他的喜好，如果你愿意，完全可以多花点心思，想出点别出心裁的而又能满足他的喜好的东西。

带一件小礼物赴约，可以显示出你对对方的重视以及对双方关系的认真在意，也是一种表达自我意愿的绝妙方式。约会之前，你也可以利用一些时机旁敲侧击探出对方最近想要一件或是几件什么东西，如果你送他正想要的，那就可以给他一个惊喜了。

不如等到周末，在这难得的假期，邀请你此刻心里想念的朋友，带上你想送给他的礼物，给他一个意外的惊喜，也给你们的友情增添一份温情。

给朋友准备些一些富有创意的礼物

1.一盆花

送朋友一盆花，不管什么样的花卉，除非朋友有特别喜欢的类型，如果没有，你觉得哪盆花开得很好看就选哪个，另外还要买一些肥料，或者一些小工具，如果你选择的是可以结出果实的盆栽会更有意思，跟朋友说明一定要密切关注着它开花结果的周期，一定要用你买来的小工具给它们除去污垢，把施肥浇水的说明写在一张小卡上然后交给你的朋友，最后写上你的期待，等"大丰收"之后你要第一个去"验收"；其实不管送什么样的盆栽，会不会开花结果都不重要，重要的是你的心意，还有你的用意，不妨在你把这盆花交给朋友之后，对他说："记得要像呵护我们之间的友情那样，好好呵护这盆花。"

2.数码镜框

数码相框是展示数码照片而非纸质照片的相框。数码摄影必然推动数码相框的发展，因为全世界打印的数码相片不到35%。数码相框通常直接插上相机的存储卡展示照片，当然更多的数码相框会提供内部存储空间以接外接存储卡功能。

数码相框就是一个相框，不过它不再用放进相片的方式来展示，而是通过一个液晶的屏幕显示，它可以通过读卡器的接口从SD卡获取相片，并设置循环显示的方式，比普通的相框更灵活多变，也给现在日益使用的数码相片一个新的展示空间。

送朋友数码相框的确是一个非常时尚和明智的选择，如果你们是从小一起长大的朋友，你一定留存有儿时的照片，把它们翻拍一次录入电脑中，再传输到数码相框中，让你的朋友在第一时间看到这些往日的照片，他一定会非常感动；比如你最好的朋友要订婚了，你可以把他们的婚纱照和恋爱时的照片要来，然后制作成一个有着亲情和爱情瞬间的专辑送给他当做礼物，不要总是用金钱来衡量你们之间的情谊，虽然礼轻但情义无价，你的朋友会因为你的细心而感动，也许会因为你的举动而落泪。

3.自己DIY的礼物

DIY是什么？DIY是英文Do It Yourself的缩写，又译为自己动手做，DIY原本是个名词短语，往往被当做形容词使用，意指"自助的"。在DIY的概念形成之后，也渐渐兴起一股与其相关的周边产业，越来越多的人开始思考如何让DIY融入生活。

为朋友送上一件自己亲手做的礼物，自己会很享受这个过程，同时把这种成功之后的喜悦和他分享，如果你想不出来自己要做些什么给朋友，不如想想平日里朋友告诉过你喜欢什么东西，你可以做一个缩微版的送给他；又或者你做一个对方一定能用得上的东西，可以为他的生活带来便捷。

总之，亲手制作的礼物一定是包含着你深深的情谊，对方也一定能被深深地打动。

礼物不仅能够让朋友间的友情增温，还能够见证友谊的诚挚、幸福的时光。朋友来往，要记得适时给对方赠送一份富有特定意义的礼物哟！

人 生 很 短 ， 别 在 错 过 中 一 错 再 错

PART 9

珍惜眼前人，弱水三千只取一瓢饮

遇到你真爱的人时，要努力争取和他（她）相伴一生的机会，因为当他（她）离去时，一切都来不及了……

遇到曾经爱过的人时，要用微笑向他（她）感激。因为他（她）是让你更懂爱的人。

遇到曾经偷偷喜欢的人时，要祝他（她）幸福。因为你喜欢他（她）时，不就是希望他（她）幸福快乐吗？

遇到匆匆离开你生活的人时，要谢谢他（她）陪你走过的道路，因为他（她）将是你回忆中精彩的一部分。

遇到和你相伴一生的人，要百分百感谢他（她）爱你！有个人陪你，就是幸福！

♡ 爱情让生命更美丽、人生更幸福

爱情让我们的生命更加丰富多彩

爱是什么？问世间情为何物？

古往今来，东西纵横，无论是在世界上的哪一个角落，也不管是何种肤色、使用何种语言的人们，都在围绕着男人、女人及他们之间的爱情，展开着一场旷日持久的探讨。

与此相伴，爱情无疑也是文学艺术作品永远的主旋律。诗人、哲学家、小说家、心理学家、社会学家等，都站在不同的领域，以不同的视角对爱情进行描述。赞美、评判及种种的讨论，但谁又能完整、准确地为爱情两个字下个定义呢？

有人说，情是每一个凡人无可逃脱的原欲，爱是教人生死相许的悸动。

有人说，爱情让人变得糊里糊涂，却又使我们的生命变得更加丰富多彩。

也有人说，爱情是一场神秘有趣的游戏，让男人女人们乐此不疲。

爱，它可以是明媚亮丽的春色，令人们心旷神怡，也可以是秋风萧瑟的黄昏，让人们满怀悲凉；它可以是原野上嫩绿的遐想，让人向往生命的美好，也可以是断崖边千年的绝唱，使后来者唏嘘感叹；它可以是幸福的源泉，也可以是罪恶的祸水；它可以掀起一场腥风血雨的战争，也可以带来温馨安宁的和平。可以说，爱情是个永远也说不清道不明的话题，却又始终以一种神秘的力量吸引着人类。

假如你是女人，你需要一个坚强的依傍；假如你是男人，女人的柔情对你必不可少。正如著名诗人拜伦所言："人类在呱呱坠地之始，就必须依靠女人的乳房赖以生长……我们最初的眼泪是女人给予我们的温柔抚慰，我们最后的一口气也大都是在女人的身边吐出来。"

的确，如果没有爱情的滋润，我们将无法想像这个世界的样子；如果缺少了爱情，男人女人又靠什么来活下去。

用生命谱写着真爱的乐章

爱情是最深奥而又变幻莫测的。它是那么让人如醉如痴、前仆后继，可到头来人们却仍不知爱情为何物，似乎根本没品尝到爱情的滋味；有的人看似愚昧木讷，长像也并不引人注目，可是却常常天降机缘，令他们拥有令人艳羡不已的爱情；有些人一见钟情，爱得轰轰烈烈，到后来却又因为微不足道的小事互动干戈，恶言相向，直至双方不得不分道扬镳，空留满腔怨恨；有些人看似平平常常，其貌不扬，却也能演绎出一两段缠绵悱恻的动人故事，其爱情也如陈年老酒般愈陈愈香，久而弥坚。

因此，面对不可抗拒的爱情，人们心中反而充满了迷惑，认为其难以捉摸，只能听天由命。爱情降临时，有的人手足无措，不知如何把握；更令人惋惜的是，有些人为了爱情不惜付出一切，终日奔波，"为伊消得人憔悴"，可是却无法拥有令之满意的爱情。更有甚者，有些男女事业有成，仪表不俗，可是到了不惑之年竟没有享受过爱情的乐趣，甚至连边也沾不上。这时候，不惑之年的男女们倒会变得困惑不已了。

但是，人们绝不会因此便停下追逐爱情的脚步。因为，是爱情造就了我们这个缤纷斑斓的大千世界。别以为只有艺术作品的繁枝茂叶上才有栖息的爱情鸟，现实生活中有多少此类传说，诗词中又有多少可歌可泣、动人心弦的爱情故事？再进一步，每一个有情有义的人，他们的爱惜历程都是一部传奇，它就发生在普通人的身边，铭刻在我们的心中。

是爱情，让我们长大，逐渐成熟，并体会到生命的神奇美妙；是爱情，让每个人懂得关爱的重要，并时时心怀善意；是爱情，使我们有了探索未来的勇气；是爱情，让我们的人生更美丽！是爱情，让我们的人生更幸福！

♥ 选择最好的求爱方式

传达爱意，赢得爱神的青睐

青年男女在最初的交往中，只有经饱蘸爱意的言语连通，心与心才有交流和共振。对于初涉爱河者而言，无论是邂逅相逢、牵线相识，或者是特意相见、约会相交，其目的只有一个，那就是将爱意传达给对方，同时得到爱神的青睐。

俗话说，爱在心上口难开。因为是初涉爱河，让对方掏心并非易事。此时，寻找共同兴趣爱好，是求得知音的良方；而借助景物巧喻兴趣，更是触动对方的优雅乐音。

一个男青年为新来的女图书管理员所吸引，趁无人之际，故意边找书边朗诵起来："我站在她面前若有所思，无力从她身上移开视线……"女管理员下意识叫道："你在念普希金！"话茬一经接上，双方竟大有相见恨晚之叹了。

名画家李苦禅，年轻时在"书虹画社"习画，结识了一个叫凌嵋淋的女子。一日，凌嵋淋故意向画家索画："师兄，请你给我画一对鸳鸯吧！"李不由一惊："师妹，你大喜了？"对方脸红了："谁说的，非得大喜才画鸳鸯吗？"没想到李苦禅挥毫之间，竟是黑白两只雄鹰展现在画纸上，凌嵋淋故意嗔怪道："我要的是鸳鸯啊！"李苦禅却径直地在画上题了"雄鹰不搏即鸳鸯"几个字，然后娓娓道："师妹，鸳鸯娇媚柔弱，经不得暴风雨。如果有一天你要成家，我劝你还是找一只雄鹰，别找鸳鸯……"斯人斯言，双方都巧借画图传达了爱慕之意，怎不使恋情迅速升温？

借助兴趣爱好倾诉心音，一面展示了自我喜好，一面弹响了凤求凰的音符，正可谓"身无彩凤双飞翼，心有灵犀一点通"。

在含蓄中品尝爱情的果实

在初恋时，男女双方相互试探对方有很多途径，绝非华山一条路，委婉风趣的托词或许更能打动芳心。爱情的交流总是互动的。带有戏谑意味的言谈会让爱意妙趣横生，触动心弦。

克林顿在耶鲁大学读书时就钦羡希拉里的才华，天天尾随对方，却不敢贸然开口。一次盯梢时，希拉里猛然停步掉头直问对方："你要老这么盯住我，我也要这么盯住你了。还是让我们相互介绍一下吧！"这份傲然与戏谑，总算让克林顿有了表白之机。

心中有情而欲结良缘，又怕对方不答应，这时采用借物暗示法，既不必担心开罪对方，又可收到知其心意的效果。

小伙俊与姑娘兰互有好感，俊性格外向，兰内秀少言。俊虽已感到兰有意于自己，但又见兰常沉默无语，有时他说一些开心的事，兰仅仅淡然一笑，弄得俊心里直犯嘀咕。一次约会时，俊欲探兰的心里到底有何想法，便对兰说："我有一枝红玫瑰，不知该送给谁。"兰望着圆月，有些心不在焉地说："你爱送谁是你的自由。"俊见状，觉得兰似有拒绝之意，便说："我想送给一个人，但又怕人家不赏脸。"兰说："也不一定，你可以试一试。"俊见有希望，便说："我怕一试，人家不要，我会很伤心。我有个预感，人家对我不满意。"兰说："也许人家满意而你没勇气。""那我就把玫瑰送给你，你愿意接受吗？"兰见状，微笑着说："那要看你心诚不诚。"至此，俊完全明白了兰已接受了他的爱，高兴得跳起来。

俊用"送你一枝红玫瑰"这种借物暗示法，避开了话锋，在试探中测出兰对他的爱，这一席对话，可谓步步深入，凭借玫瑰，运用暗示语，撩开了爱情的面纱，在含蓄中品尝着爱情的果实，那甜美的滋味浸润着心田。

恋爱是谈出来的，欲获得"情"和"爱"，非得"谈"与"说"不可。然而，怎样说，用什么方式说，可以因人而异，根据双方的喜好和个性选择充满情趣的交流方式。

初恋的火花是靠双方擦出来的，把你丰富的思想、微妙的心声用妥帖的话语表达给对方，触动对方的心弦，爱情的烈火才能熊熊燃烧。

恋爱没有固定的模式，每一对恋人都会将自己特别的爱传递给特别的爱人。有情人要成眷属，因情成缘，不仅要有情缘的眷顾，还需要更现实的手段，就是借助表达的力量，倾吐爱意，互诉衷肠，最终达成心灵的默契和两情相悦的境界。

♥ 在浪漫婚礼中体会唯美的幸福

带着美丽的心情见证爱情

婚礼是一件神圣又浪漫的事情，是见证着两个人爱情的庄严的结合。不管你是单身还是已婚，参加一次婚礼，见证一次别人的爱情，或许会改变自己的人生态度，对爱情、对眼前的人或者对未来的憧憬。

婚礼的形式是多样的，也许是在庄严的教堂，牧师的主持下，彼此在坚定的眼神中互换那句"我愿意"的诺言；也许是在海边、在平日所有亲朋好友的见证下，两人在海边完成一个拥吻；抑或者在乡下举办一场简约的婚礼，朴实的当地人或偶然到此旅行的陌生人慕名而来献上最简约纯实的祝福，不需要盛大的排场，不需要华丽的开始与结局，新娘素面朝天，新郎腼腆地牵着她的手，就这样直到天荒地老。

所以，不管你身在何处，带着美丽的心情见证别人的爱情，去理解婚礼的意义，虽然有时它被看做是一种形式，但却饱含着爱的宣言与承诺，从此宣告携手走入婚姻殿堂；承诺在今后的日子里共担风雨，至死不渝。

在回忆中感受那种唯美的幸福

我们不妨安静下来，仔细想想这么多年忙碌的生活，曾忽略过些什么，不如就在此刻，重温旧时的梦，不被时间约束，不被现实困扰，重新遥想爱的意义，回味爱情悠长的滋味。

　　不如一边编织梦想，一边拿起笔记录下来，也许将来会实现也说不定，见证别人的婚礼正如审视自己的过往与将来。我们也许像听故事一样听完新人们的爱情宣言，不管它是承诺，还是言谢，或者是对未来的憧憬，但是至少在那一刻我们能感受到爱情的神圣，不带私欲。带着欣赏的心态去借鉴这场婚礼，正如观看一场电影，回到家中的你，可以记录一下此次婚礼有哪些优点曾触动过你，思考一下不足之处，用来借鉴。

　　不管你参加什么样的婚礼，你总会被那"仅有一人爱你如朝圣者的灵魂与渐渐老去的皱纹"所感动。浪漫总会成为往事，但是婚礼却是见证"执子之手，与子偕老"的开始。用心去体会爱的意义，去感受那种唯美的幸福。

♡ 心心相印，留住一生一世的爱

真爱在时间中升华

爱情这个主题，自古至今一直都与永恒联系在一起，因为没有什么爱情是永恒的，所以人们渴望永恒。

我们一直对爱情抱有怀疑，不知道彼此的感情能继续多久，不知道对方是否真的爱你，甚至不知道你们之间的感情算不算爱情。"爱情"每个人都可以脱口而出，而爱情的甜蜜与痛苦恐怕只有相爱的人才会了解。

很多人认为一起手牵手度过艰辛困苦，一起共患难的情侣之间的感情是真爱。

其实，"时间"才是考验爱情的最好的武器。有些情侣一起度过最痛苦的日子，当一切痛苦过去时，两人却分开了。为什么当一切风平浪静时他们却分开了呢？

只有"时间"可以解释这一切，谁也不能预知未来，谁能抵抗得了时间的流逝呢？这就是常说的一句话："时间可以冲淡一切。"

从路上看到一对白发苍苍相互搀扶的老人，才明白那也许就是真正的爱情。两个人可以一起度过一生，虽然他们之间已不存在当代人所谓的爱情，但他们已经把爱情升华到依托、默契、信任。

心心相印，让爱情天长地久

爱情是一种妙不可言的东西，没有什么游戏规则让人遵守，但当中却必定有一些人人合用的秘诀。牢记着它们，必能与你的最爱白头到老。

接受："世上没有十全十美的人"这句话是千真万确的，尤其两个人在一起，并不等于两块合得来的积木，必须互相迁就。你爱他，就必须接受他的一切，甚至缺点。

信任：不信任对方，经常以怀疑的口吻盘问对方，这种互相猜疑的爱情就只有分手。既然跟他一起，就应该完全信任对方。

关心：关心的程度正好表现你对对方的重视程度，间或打个电话给对方关心地问候一句："工作辛苦吗？"又或者招呼他："天气凉了，请加衣。"这些关心未必有实际用途，但起码能令对方暖在心头。

忍受：我们不是圣人，总有情绪起伏的时候，如果对方是"凸"的时候，你何不做"凹"去忍耐一下他，安慰一下他呢？

欣赏：你应欣赏对方的一切，欣赏这段爱情带给你的开心、幸福。这样，你便会爱得更愉快，不要只是埋怨，在鸡蛋里挑骨头。

自由：纵然已婚，也应给予对方自由及保持秘密的权利，你的另一半不是你的终生奴隶，不要让他认为跟你结婚就等于被放进困笼中的宠物。

付出：爱情这种东西不一定是你付出"一"，便会收回"一"，但不付出，便一定没有收获。对你的爱人，应有如对自己一样，毫无保留地付出，这才算得上真爱。

独立：甜言蜜语的人会说："我是为了你而生。"其实，每个人都有自己的生存意义，不应过分依赖对方，成为对方的沉重负担，甚至负债。

爱：都说是爱情，没有爱又怎会有情呢？爱跟喜欢不同，爱一个人，你必定愿意为他做任何事，这是最高的境界。闲时不妨跟对方说句"我爱你"，担保比任何礼物来得甜蜜开心。

自然：很多人刚恋爱时都会把一切缺点隐藏起来，变成另一个人。日子久了，缺点才一一地出现眼前，令对方吃不消。其实，不做作，流于自然的爱情才能细水长流。

保护：做男人的当然要保护妻子，但做妻子的亦要保护对方的尊严，不应容许别人中伤、侮辱你的另一半。

宽大：宽大是基本的要诀，对爱侣的错误，你应以宽大的态度原谅他，因为你是最爱他的人。

分享：若你爱他，就必能与他分享他的喜与哀，这是作为一个伴侣最简单的责任。

明白：不明白对方的想法，对方跟你说话，你永远只独自发呆，那就是一段缺乏沟通的爱情。多站在对方立场，将心比心地想，必定能更了解你的另一半。

心：爱情最重要的道具是心，你必须真心对待，用真心去爱。

诚实：对爱情，必须诚实，时常互相欺骗的感情又怎能天长地久呢？

完美的爱情就是心与心的交流，心与心的默契，心与心的融合。两心相许，心心相印，爱情永不褪色，幸福天长地久。

♡ 爱一个人，给对方想要的幸福

爱情不是索取，而是计较回报的付出

有位太太的先生是知名的企业家，对她百依百顺，以世俗人的眼光看起来，她很幸福。而物质生活的富裕，使她看起来是幸福中的幸福人。但她仍觉得很苦，看到一个朋友时，却哭得很伤心，朋友问她："你有什么不满意呢？"

她说："你不知道啊！他最近变得冷淡，使我痛苦、不满。"朋友劝她说："到底你要追求多少感情才满意呢？不要太强求，感情如同一个球，愈硬碰，它跳得愈高愈远。"

她问："那要如何解决呢？"

朋友回答道："放宽尺度，你爱的范围太狭窄了，犹如把感情当成一条绳子，缚得他对你产生敬而远之的心理，才使你那么痛苦。你应该以柔和的感情来宽容他的一切，不要以占有欲、威力来加在感情上面，否则先生表面又顺又爱，但内心却又烦又畏，也就难怪他会对你有欺骗的行为。你若能把爱扩大到去爱他所爱的人，他一定会感谢你，同时也更珍惜这份感情中的恩情，因为你所给予他的爱是那么的自在。人的感情就像是熔炉，只要你多给他宽大的爱，满足他的感情，再冷再硬的心也会被它熔化……"

的确，爱情是一种不应计较回报的付出，而不是无时无刻的索取。如果希望自己的付出得到同样的回报，那么到最后得到的或许是苦涩的果实。因为彼此对回报的定义并不在统一的见解上。爱一个人，就是无条件的付出，哪怕最后落得伤痕累累，也不会感到后悔，这才是爱的最真表现。否则充其量也只能算是喜欢。

爱是一份牵挂，爱是一种责任

爱情就是两个人的相濡以沫，爱情就是两个人的长相厮守，有爱的人会觉得一切都是甜蜜的。每天早晨起床时，能看见自己的爱人就在身边，看着爱人忙忙碌碌的身影；能在有星星的夜里，和爱人缱绻星光下，数数天上的点点繁星，细述心中的份份情谊，那就是一种幸福。虽然很简单，但是很实在。爱情，就是当我们生病时，爱人给我们递上的一杯开水、几粒药丸，还有充满关怀与爱的眼神……这样，我们就无药自愈了。

爱情就是一种牵挂。当我们远行时，在异乡窗前的明月下，我们会思念远在他方的爱人，我们会默默为他祈祷，"但愿人长久，千里共婵娟"。爱情就是四海飘泊的人儿，在一个陌生的城市中找到一个能够寄托终生的爱人，然后在这个城市停驻下来，落地生根……爱情就是这样地有所依托。

如果再多的话语都阐释不了爱情，那么，就让我们把爱情归结为在冷冷的冬夜里，爱人给我们递上的一杯热咖啡，春暖花开时彼此相视的那种满满的笑意，自在，而且自得。

爱情就是一种责任。爱一个人，要了解，也要开解；要道歉，也要道谢；要认错，也要改错；要体贴，也要体谅；是接受，而不是忍受；是宽容，而不是纵容；是支持，而不是支配；是慰问，而不是质问；是倾诉，而不是控诉；是难忘，而不是遗忘；是彼此交流，而不是凡事交代；是为对方默默祈求，而不是向对方提诸多要求；可以浪漫，但不要浪费；可以随时牵手，但不要随便分手。如果我们都做到了，即使我们不再爱一个人，也只有怀念，而不会怀恨。

　　爱是清香四溢茶水中的一片叶，淡淡的却散发着余味。爱是荡气回肠音乐中的一个音符，轻轻地弹奏出美妙声音。爱是你不经意中体会的温馨，爱经历时不觉得是爱，失去时才知道是爱。

　　爱情就是一种牵挂，也是一种责任。有爱才有快乐，有快乐才有幸福。

♡ 做好感情保鲜，让幸福之花常开

甜言蜜语是夫妻情感的催化剂

年轻人谈恋爱时，为了取悦对方，自然有说不尽的甜言蜜语。然而结婚后，女方有了归宿，男方有了媳妇，有些人就"返璞归真"了，说出的话平平淡淡、没有半点激情。"返璞归真"可以，但夫妻间的"感情保养"却不能丢。

婚姻需要感情来维持，而充满爱意的话语是夫妻感情的润滑剂。夫妻之间的情爱语言虽不如恋人之间语言那样浓烈，但却如陈年老酒，甘甜醇美，回味悠长。

因此，甜言蜜语在夫妻之间不是"过去式"，而是"现在式"。老太太哪怕对丈夫随便来一句："老头子，你来!"也可以说得情真意切。处于人生最美好时期的小夫妻，更要用言语时时温暖对方，多说说"我爱你""你真好看""你今天好精神""夫人，你辛苦了，看这段时间我挺忙，你又带孩子又操劳家务，真不容易!"……

这些话说得好，肯定会使对方心满意足。

与此相反，有些嘴巴尖利的妻子，总是位居高台，颐指气使地斥责男人："我瞧见你就来气，当初嫁给你真是瞎了眼了!"把男人贬得一文不值;而有些丈夫也喜欢用"爷们儿"的口气："媳妇儿，怎么还没做好饭!都他妈累死我了，你干事总是这么慢，找你我这辈子可真他妈倒了霉了!"如果夫妻两人都这么说话，家庭"战争"肯定不可避免。

做好感情保鲜，让婚姻之花常开

为什么有的夫妻恩恩爱爱，有的夫妻却整天互相怄气？这里面的原因固然很多，但是，讲究对夫妻感情随时进行保鲜也是一个重要方面。

就像人饿了需要补充营养一样，每个家庭，每对夫妻也都需要"心理营养"。

这些"心理营养"包括：被爱，被肯定，被理解，被尊重，被赞扬，被关注，被信任，被宽容等。失去这些营养，爱情就会枯萎，婚姻也将名存实亡。

有一对中年夫妻，彼此的工作都很忙，平时交谈的机会不多。可是每逢晚上下班回家或休息日的时候，总要说一些情爱话题。共同看电视剧，看到剧情中男女的恋爱情节时，经常一同回忆他们相恋的时光，说些过去甜蜜的经历。每逢对方的生日和共同的纪念日还举行一些小活动，共度欢乐时光，以此加深夫妻间的感情。

十几年下来，夫妻间的感情愈加深厚了。

当爱情之舟驶入婚姻的港湾之后，轰轰烈烈的爱情归于平淡温馨的家庭生活。

夫妻之间虽说不再把"我爱你"之类的词语总挂在嘴边，但也没有必要把这些话束之高阁。在某些时刻，一句深情的"我爱你"会勾起对方的美好回忆，在彼此的心中激起爱的涟漪。这对于加深夫妻感情是大有益处的。

婚前风花雪月，婚后柴米油盐。婚前浪漫，婚后现实，步入婚姻的围城后，就是日复一日的平淡生活。做好感情保鲜，为婚姻之树及时浇灌养料，才能使婚姻鲜活如初，幸福之花常开。

♡ 让意外惊喜增进感情提升幸福

意外惊喜是夫妻情感的兴奋剂

男人和女人在一起生活久了，感情就会疲倦。太过于平淡的生活，没有一些激情，会使感情变得疏远，多给男人制造点出乎意料的惊喜，常会起到感情兴奋剂的作用。因此，在平淡的生活中，经常创造一些意外惊喜，对于增进夫妻双方感情很有好处。如给男人一个突如其来的吻，再比如周日中午卧房里的亲昵，当女人满眼柔情勾着小手指对着男人说"跟我来"的时候，男人一定会受宠若惊。他们喜欢女人突如其来的亲密示爱，更喜欢这种惊喜的感觉。也可瞒着男人，将他在远方的亲人接来见面；为男人买一件他日思夜想的礼物，等等，都可使意外惊喜油然而生，从而在惊喜中迸发出强烈的感情之花。

小小的惊喜，浓浓的爱意

当女人早早起床，为男人做出别致的早点的时候，男人绝不会无动于衷；当女人为男人买来他盼望已久的足球比赛门票时，男人一定会欣喜若狂；将他在远方的朋友或亲人接来见面，男人怎能不为这种被爱的感觉而晕头转向？能够不时给男人惊喜的女人，肯定能够让男人死心塌地地爱她一辈子。要知道，虽然男人希望每件事情都能够按部就班，但是男人也愿意享受偶尔的吃惊。

用情书点燃爱意。不要以为情书是小年轻人的事情，或者是只有在热恋的时候才应当写的。任何时候，情书都是点燃爱情的一点星火。

很多女人谈恋爱的时候喜欢写情书，或者把自己的那点小心事写在笔记本上。结婚后那种诉说的冲动怎么也找不回来了。但是，婚姻专家认为，走进婚姻的殿堂，也应当时常写写情书，诉说对男人的绵绵爱意。

如果女人无法摆脱女性的矜持和羞涩，那么可以在业余时间，或者工作闲暇的时候，给你的男人写点情书，这样的效果或许比你天天说爱他更有情调。

爱是两个人的事情，所以就一定要说给对方听，要让他知道你在深深地爱着他，这才是对爱的公平。

爱情的船需要两个人共同努力，才能有动力到达幸福的彼岸。如果你爱他、在乎他，就要把你心中的爱告诉他。

在婚姻的二人世界里，美好的爱情不能被生活的柴米油盐所困扰，拿起你手中的笔，写出你心里的话，说出你的甜言蜜语，给对方一份惊喜，婚姻的幸福就抓在你的手里。

♡ 拍下幸福的画面，珍藏爱的时光

用相机记录下幸福的画面

年轻时候的爱情都是热烈的，每时每刻都渗透着浓浓的爱意和浪漫。每对恋人在爱情的最初阶段，都会被幸福的来势汹涌冲得有点头昏目眩。你和你的恋人自然也不例外。可是慢慢地，你们终会冷静下来，生活归于平淡，似乎连你们刻意制造的浪漫都不如先前那么令人目眩神迷了。

其实，这才是对你们爱情的真正考验。所谓"七年之痒"，也许就是受不了那份平平淡淡吧。但其实爱情还在，只是以更生活化的面孔出现而已：早上起床，妻子已经准备好的那杯冒着热气的牛奶；突然来袭的下雨天，丈夫默默披在妻子头上的那件外套；出差回来，妻子准备好满桌丈夫爱吃的菜；下班回家，两个人终于结束一天繁忙的工作，那一声默契的相视而笑……这些点点滴滴的幸福，都是每一对夫妻会经历的，太平常太简单，却有着"随风潜入夜，润物细无声"的力量，滋养着两颗相爱的心。只要你们能够注意到这些小小的幸福，爱情之树就会是常青的。不如干脆拿出相机，记录下那些幸福的画面，再把它们制成一本爱的相册，见证你们爱情的每一个足迹。

用珍贵的相册珍藏美好的爱情

并不是说只有去到不一样的地方或者发生不一样的事情，才有拍照的必要，才因为它的难得一见而值得纪念。你们日常生活中的锅碗瓢盆都可以成为按下快门的理由，重视生活中平淡充实，才是真正懂得幸福的人。

当你开始去留心的时候，你就会惊喜地发现，原来你们看似平淡的日常生活中有着那么多令人感动的时刻。那些令你有所触动的画面，都可以照下来，不管是开心的，还是偶尔闹了小矛盾的。他早上上班之前站在镜子那儿穿西装打领带的样子很帅；她今天化了一个不一样的眼影很美；他加班晚了，一副辜负了她悉心准备的精致晚餐的忏悔表情很可怜；两人终于有了自己的小孩，三口之家的幸福，令人感动到想哭……总之，值得你按下快门的理由有很多。

之后，你们可以在照片下面写上一些话，内容可以是照片里的他当时在干什么，或者当时你照下这张照片的心情，又或者是彼此想要告诉对方的话等等。一个小小的相机，一本渐渐增厚的相册，会给你和恋人的生活带来很多乐趣。

不要因为早已习惯而放心大胆地去忽略，更不要因为知道他爱你而有恃无恐地去伤害。请你拿出相机来，和恋人一起完成这本爱的影像。每一次按下快门，都是在说"我爱你"；每粘上一张照片，都是贴上一句"我爱你"；每在照片下写上一些话，其实也只是写了三个字"我爱你"。然后，等到你们银婚、金婚、钻石婚的时候，一起拿出那些相册，一张照片一张照片地慢慢翻着，回忆着。看着那些照片和下面写的那些话，这一生共同度过的喜怒哀乐又重新出现在眼前。那么多年过去，已经成为了老头儿老太太，但是你们的爱依然如初。

用相机定格浪漫，用相册收藏爱情，那些记忆中的影像，都化成了相恋时的爱的镜头，它们是真爱的见证，也是彼此一路走过来的美好幸福回忆。

♡ 在爱的纪念日，共度幸福烛光晚餐

爱的纪念日，相约烛光晚餐

人生中有很多纪念日。但对于相爱的人尤其是处于热恋中的人来讲，在一起的每个纪念日都是值得庆祝的，每个纪念日对于深爱彼此的情侣永远都有意义，永远都值得用心去铭记。

很多情侣都会选择去西餐店度过纪念日，有烛光、红酒、柔美的音乐，好像只有这样才能算得上浪漫，其实烛光晚餐在哪里进行都可以，家中，甚至是郊外，只要你们愿意，心情和情调是不变的，地点又怎么会永远不变呢？

对于如此深爱的两个人，在一起做什么都会是幸福和甜蜜的。如果两个人一起在家做一顿烛光晚餐，然后享受共同的劳动成果。对于恋人来说也是一件非常甜蜜的事。这种感觉就像真正在一起生活，也会给你们的回忆增添不少温馨的画面。

在烛光晚餐中共度温馨的幸福时光

你们两人可以彼此商量，考虑一下做什么食物比较好，怎样搭配。两人可以各自拿出自己的绝活，为对方做自己最拿手的菜。如果你们有兴趣，可以尝试着做一些从没试过的新菜，既可以是从各式各样的菜谱上学来的，也可以是自创的，有两人的合作和努力，一起尝试一种新东西，然后一起享受，会是件特别浪漫和新奇的事。

也许有一个人从未下过厨，那么打打下手也可以，或者在旁边静静地看着爱人忙碌的样子，也是一种幸福。在这个过程你会发现原来自己的爱人是那样的能干或体贴，这样的过程也可以考验和培养你们的默契程度，对于你们的关系的拓展也许会是一个新的契机。

烛光晚餐要伴随着轻松且两人都喜欢的音乐，伴随着鲜花、烛光、红酒，你们在忙碌半天之后，终于可以安静地坐下品一杯甘醇的红酒，在烛光的映衬下，两人四目相对，此时什么都不必多说，一切都那么恰到好处。这是你们自己的劳动成果，更是属于两个人的浪漫的纪念日。

相爱的日子总是让人印象深刻，总是让人铭记一生。在爱的纪念日，点亮红蜡烛，相依相偎，共度"烛光晚餐"，昔日重来，谁能不说你们是天下最幸福的一对呢！

♡ 爱情不需你用力紧握，只需你松开双手

真爱是一指流沙

一个即将出嫁的女孩，问母亲一个问题："妈妈，婚后我该怎样把握爱情呢？"母亲听了女儿的问话，温情地笑了笑，然后从地上捧起一捧沙。

女孩发现那捧沙子在母亲的手里，圆圆满满的，没有一点流失，没有一点撒落。

接着母亲用力将双手握紧，沙子立刻从母亲的指缝间泻落下来。待母亲再把手张开时，原来那捧沙子已所剩无几，其团团圆圆的形状早已被压得扁扁的，毫无美感可言。女孩望着母亲手中的沙子，领悟地点点头。

那位母亲是要告诉她的女儿：爱情无需刻意去把握，越是想抓牢自己的爱情，反而越容易失去自我，失去原则，失去彼此之间应该保持的宽容和谅解，爱情也会因此而变成毫无美感的形式。

每个人都希望自己永远拥有幸福美满的爱情，那么不妨学着用一捧沙的情怀来对待爱情，好好珍惜，好好把握，爱情必定会圆圆满满。

放下应放下的，选择该选择的

常听结过婚的人谈起自己婚后生活的不顺心。"婚姻是爱情的坟墓"，许多人都觉得这是一句至理名言。为什么两个人都极为珍视的结

合最后会成为感情的障碍？

有人曾把婚姻分为4种：可恶的婚姻、可忍的婚姻、可过的婚姻和可意的婚姻。第一种因为其质量的低劣让人忍无可忍，肯定是要解散的，而最后一种则是一种理想，我们常用一个词来形容：神仙眷属。但这种婚姻就像一见钟情的爱情，可遇而不可求，我们的婚姻，大多是可忍或可过。它当然是不完美的，让人心酸而又无奈，继续下去不甘心，放下又有太多的牵绊。它是我们心头的一个刺，隐隐地痛着，又拔不去。

放下可恶的婚姻能轻易为自己找到足够的理由，并因此获得勇气。但放下可过、可忍的婚姻，则需要一点破釜沉舟的果断，当然，还要有一些赌徒的冒险精神——谁知道，这是给自己一个机会，还是把自己逼向更危险的悬崖。许多离了数次婚又结了数次婚的人，还是没有寻找到他们理想的生活，这样的局面让他们沮丧，甚至没有再试一次的勇气。

许多被大家看好的婚姻因为当事人的漫不经心、吹毛求疵、急不可耐可能很快就破碎了。在众人眼里，粗陋不堪的婚姻，因为两个人用心、细致、锲而不舍的经营，就如一棵纤弱的树，后来居然能枝繁叶茂，郁郁葱葱。可忍或可过的婚姻大抵也是如此，当事人稍一怠慢，它可能很快就会枯萎、凋零。而双方用一种更积极的心态去修补、保养、维护，奇迹就会发生。

婚姻如一指流沙，抓得越紧，流得越快。给对方一些自己的空间，彼此保持一些宽容和谅解，反而更能增进双方的情感，更能增加婚姻的幸福。

💗 用豁达收获婚姻幸福的果实

婚姻需要彼此的宽容体谅

或许在结婚之前，你会觉得自己心目中的那个他很完美，简直无可挑剔。但是在漫长而平淡的婚姻生活中，你才发现他也是缺点一大堆，根本就没有你想象的那么完美。此时，你是愤愤然地选择离开，还是用一颗宽容的心来呵护你们之间的真爱呢？

一位老妈妈在她50周年金婚纪念日那天，向来宾道出了她保持婚姻幸福的秘诀。她说："从我结婚那天起，我就准备列出丈夫的10条缺点。为了我们婚姻的幸福，我向自己承诺，每当他犯了这10条错误中的任何一项的时候，我都愿意原谅他。"

有人问，那10条缺点到底是什么呢？她回答说："老实告诉你们吧，50年来，我始终没有把这10条缺点具体地列出来。每当我丈夫做错了事，让我气得直跳脚的时候，我马上提醒自己：算他运气好吧，他犯的是我可以原谅的那10条错误当中的一个。"

走在婚姻的漫漫道路上，总会有些风霜雪雨、坎坎坷坷，并不总是艳阳高照、顺顺利利。面对生活中的一些矛盾，如果我们可以像那位老妈妈一样，让宽容和忍让引导自己去寻找快乐。

宽容与豁达是婚姻幸福的保障

爱情里最怕的就是相互计较，遇事一计较，两个人之间就会有数不清的争执、埋怨、冷战、眼泪接踵而来，因此别让计较毁掉你的爱情。爱人之间最重要的是宽容，即使对方做错了什么，只要心是真诚的，就要重过程轻结果。有这样一个故事：

一个女孩和男友闹别扭之后赌气要分手，于是她开始写分手信。第一封写道："我不想再看见你了，我们分手吧！"没过两分钟，她觉得不妥，撕了重新又写："我觉得我们还是暂时不见面的好。"过了一会儿，想想，又撕了，开始写第三次："我们和好吧！我好想你，明天你能不能来？"

这就是女孩子与男友吵架过后的心理过程。相爱本来就是互相磨合体谅的过程，其实对自己的爱人，又有什么不能让的呢？真心的付出总会有回报！

当两个人闹了矛盾后，作为男人就应该大度一点，不妨让着。这有两个好处：一是能缓解当时剑拔弩张的气氛，二是能给双方一个台阶下。如果双方都不让，两个人都僵着，小矛盾就可能演变成大矛盾。女人都希望被宠着、哄着、护着，你让着她，她的虚荣心得到了满足她自然会破涕为笑。所以男士们，当你和女友闹矛盾时，你不妨让着她，装作厚脸皮的样子，就让女友的花拳绣腿在你的背上来上几下，多半一场矛盾就这样化解了，忍让的目的也就达到了。

宽容与豁达是婚姻幸福的保障，如果你只记得对对方的错误斤斤计较，那你必然被束缚在烦躁、忧郁的情绪中；但如果你能忘掉对方的过错，那你的心中就会充满阳光，你会感觉内心充满了爱，体会到爱情的幸福。

能互相宽容的夫妻一定会在婚姻的道路上走得更长，幸福的道路上走得更远。

人 生 很 短 ， 别 在 错 过 中 一 错 再 错

PART 10

亲情如歌，珍惜生命中的每一个亲情音符

亲情，是一首永恒的歌曲，是那种柔和甜美、低声吟唱的曲调。

亲情，是一条不息的溪流，是那种潺潺流过、沁人心脾的水流。

亲情，是我们一生不变的依赖。亲情，是我们生命强大的支撑。

亲情的流露不是用豪言壮语，而是在生活的点滴中。亲情如发，细微而又浓密。

亲情，人间第一情。父爱如山，母爱如海，珍视生命中的亲情，淋浴温馨的幸福阳光。

♡ 珍惜家这个生命中温馨的港湾

家为我们撑起一把爱的巨伞

三毛说："家就是一个人在点着一盏灯等你。"

当你受伤的时候，当你孤立无助的时候，当你一无所有的时候，别忘了，回家吧，家会轻轻抚平你的创伤，家会用真情温暖你孤独的心。漂泊良久，你会发现，惟有家才是你最忠实的港湾，惟有家才是你可以停靠的码头。

有个故事讲得很好：

有个年轻人离别了母亲，来到深山，想要拜活菩萨以修得正果，路上他向一个老和尚问路，寒暄之际，年轻人说明动机，并问老和尚哪里有得道的菩萨。

老和尚打量了一下年轻人，缓缓地说："与其去找菩萨，还不如去找佛。"

年轻人顿时来了兴趣，忙问："那么请问哪里有佛呢？"

老和尚说："你现在回家去，在路上有个人会披着衣服，反穿着鞋子来接你，记住，那个人就是佛。"

年轻人拜谢了老和尚，开始启程回家，路上不停地留意着老和尚说的那个人，可是快到家里时，也没见到。年轻人又气又悔，以为是老和尚欺骗了他，他回到家时已经是很深很深的夜里，他灰心丧气地抬手拍门。他的母亲知道自己的儿子回来了，急忙抓起衣服披在身上，连灯也来不及点着就去开门，慌乱中连鞋子都穿反了。年轻人看到母亲凌乱的样子，不禁热泪盈眶，心里也立即领悟了。

屋檐虽低，门槛依旧，不管你是衣锦还乡，还是失魂落魄蓬头垢面而归，家的门永远为你敞开着。

岁岁年年，年年岁岁，无论春夏还是秋冬，家永远执着地为你抵挡外来的风风雨雨，为你撑起一把爱的巨伞。

珍爱亲情，回报父母

我们从出生到老去，谁能离得开家的怀抱？谁能挣得脱家那永远不变的炽热情怀？

小时候，家是母亲，长大了，家是父亲，我们就是被父亲从鸟笼中放飞的却又被紧紧牵挂的那只雏鹰，脆弱又坚强，翅虽稚嫩但充满着崇高的理想。结婚后，家是妻子那温情脉脉的眼神，家是孩子那甜甜的醉人的吻。再往后，家是子孙绕膝的天伦之乐，是风雨同舟几十载的老伴的唠叨。

家是生命中永恒的歌谣，无论我们是在茫茫黑暗中，还是在冰天雪地里，充满祝福与爱的歌声永远会萦绕在我们的耳畔，给我们带来希望，带来真实的温暖！

家可以不宽敞，但一定要洋溢着爱；家可以不富有，但一定要很温馨。在锅碗瓢盆的日子里，别忘了给爱人一个温情的拥抱、一个温柔的眼神，给父母一句贴心的问候、一件珍贵的礼物，别让岁月冲淡了心中的爱！

家是我们成长的摇篮，是我们生命中的港湾。不论岁月流逝，不论身在何方，我们都要珍惜家，珍爱子女，珍爱伴侣，珍爱父母，向有爱的家致敬！

♡ 珍视亲情，珍视生命中的幸福

子女应当尽一个家庭成员应尽的义务

亲情是我们每个人从一出生就感觉到的情感。在父母的细心呵护之中，我们成长起来。很多时候，我们感觉到亲情的温暖。如果你有兄弟姐妹的话，这种感觉或许更直接一些，因为他们和你的心理情感更接近一些。

随着年龄的增长，那暖暖的、甜甜的亲情，有时像吃腻的某种糖果，不似以前那么美味，我们不再像从前那样把亲情看得那么重要，因为我们有了友情，有了爱情，有了更多的选择，亲情相对它们来说显得有些缺少激情，少了些绚丽。但往往在经历过一段时间后，当你有了家庭，有了孩子，你自己也成为亲情的激发地时，你会有一种全新的认识，对那个曾给予自己一切的家充满感激。

家庭是亲情关系，出于真情实感的家庭关系是最稳固的。尽到一个成员应尽的义务而做到"心安"，就能享受到最大的快乐。

珍惜亲情这个生活的雨露和阳光

亲情，这个充满温馨、甜蜜的字眼，让人欢喜，倍感亲切。然而，眼下这个字眼却时不时让人觉得烦心和沉重。

没错，亲情是生活的雨露和阳光。当我们刚刚来到这个世界上的时候，是父母用亲情和深爱哺育我们长大；当我们遇到挫折的时候，是亲情的温暖情怀给我们安慰和新的自信。毫无疑问，正是因为生活中有了亲情，温暖才时时环绕着我们；正是因为生活中有了亲情，我们的心灵才有了寄托和归宿。

父母、子女之间的真爱，是一种天赋禀性。人与动物之间有一种关联性，但人之所以为人，也就是人类有道德情感。这里没有丝毫的虚假与功利计算。孔子的"父为子隐，子为父隐"，就是出于真情实感，具有超历史的永久价值。如同孟子所说，"幼而知爱其亲，长而知敬其兄"，并不需要特别的灌输与教育，是自然而然的，只要加以保护、培养就能够"扩充"。这就是儒家家庭伦理的基础。

在科学技术飞速发展的当今世界，我们面临着激烈的竞争，家庭的温情、和谐和凝聚力是非常重要的，它不仅在紧张的工作之余可以放松自己，享受温馨的天伦之乐，而且能为现代人提供强大的精神动力，从而发挥更大的创造性。有一个美满和谐的家庭，是人生中的最大幸福。

亲情源于血缘，血缘凝就亲情。人世间，依赖血缘纽带，常常演绎出一个个可歌可泣亦喜亦悲的亲情故事。

这就是亲情，这就是人世间至善至美的亲情。她在那牵肠挂肚的惦记中，在那圣洁无私的呵护中，在那无怨无悔的奉献中。拥有这样的亲情，会使我们的风雨人生变得风光怡人，使多舛的世界充满温馨。

亲情，与生俱来，源于血缘，但又不囿于血缘。岁月的洗礼，会体现亲情的浓淡；物欲的考验，会证明亲情的真假。拥有亲情的人生是完美的，没有亲情的人生是残缺的，而拥有亲情却不珍爱亲情的人生是遗憾的人生，更是可悲的人生。

不要让亲情从你的心灵中走开，那样会让你的生活失去一份温暖。珍视亲情是人生的一大快乐。

💗 维护亲情，少些埋怨多些理解

我们没有理由埋怨父母

方刚是个农家孩子，以高分考取了某所名牌大学，但家境贫寒，即将开学仍未筹齐学费，陷入窘境。他的父亲年近花甲，穷得直到40岁才成家。他幼年时，命运又遭变故，母亲患上了精神病，一天到晚疯疯癫癫。这个家庭经济十分拮据，老父亲在附近工地做小工维持生计，每天仅得20元，既要供他上学，还要为妻子求医问药。

如今，交上万元学费迫在眉睫，毫无办法，只好向社会求助。

有位记者获悉了这一情况，专门来采访这个家庭。

方刚早在路口迎接，见记者到来，笑着问好。他瘦弱黝黑，但眼神闪亮，穿着一件短衬衫，但毫无拘泥之态。方刚的父亲赶紧用袖子擦拭长凳，笨拙地请记者坐。他的母亲则一直倚着门框，咧着嘴傻傻地笑。

方刚的小屋比记者想象的更为简陋。墙面石灰已经纷纷脱落，阳光透过砖缝射进屋里，在坑坑洼洼的地面留下斑驳的影子。两间小屋，一间是灶房，仅有寒碜的桌凳；另一间是卧室，挤放着两张木床，被褥旧得发白，床单早破了，露出黄黑的棉絮。床边就是破旧的书桌，但桌上井井有条，干干净净，放着几摞书本。

早在去采访的路上，记者就在想，生活在如此不幸的家庭，这孩子该是愁眉不展吧！平日里，他肯定也是怨天尤人，茫然无助甚至痛哭流涕吧。可是很奇怪，在他家半个多小时，方刚始终精神爽朗，言谈自信，时常发出清脆的笑声，给这个沉闷的屋子带来了生机。

临走的时候，记者终于忍不住问这个青年："你生活在这样的家庭，真的不曾埋怨老天吗？我们给你筹措的学费也还不够，到开学还未凑齐，也许不得不放弃读书……"

方刚惊奇地看了记者一眼，笑了，认真地说："我不会埋怨，只会感激。我爸爸很爱我，为了这个家，他每天早出晚归，尽着他最大的努力。我母亲有病，常和左邻右舍争吵，别人劝都劝不住，只要我一喊她，她就会乖乖地跟我回家。我知道，那是因为她也爱我。他们都爱我，这个家庭虽然穷困，但很温暖，我又有什么理由去埋怨呢？"

记者恍然大悟，能感受这样的爱，当然会宽容命运的不公，会看出简陋背后的美，会抹掉一切的不幸，挺起胸膛昂扬生活。

珍惜亲情，学会宽容

骨肉亲情，血脉相连，不管发生什么事都不会改变。亲情需要彼此精心呵护，懂得相互宽容与理解。作为至亲，无论遇到什么困境，都应该少一些埋怨，多一些感激……这些都能珍惜和保持亲情!也许你会在生活中遇到难题，但不要紧，因为亲情存在，那一点小风浪是不会打击到一家人的亲情的。

你不能选择自己的父亲或是母亲，但父母永远是最爱自己儿女的。只要记住这一点，你就会懂得如何感谢，而不是埋怨。

从小到大，我们受到父母的恩惠太多了：父母给我们以生命，历尽艰辛养育我们，给我们以呵护，使我们得以成长，当然应该感谢。就像我们应该感谢光辉的太阳，和煦的微风，温润的细雨一样!

亲情最无私，亲情最宽厚，珍视生命中的亲情，少些埋怨，多些沟通，多些理解，多些宽容。

♡ 难忘亲情，带给我们幸福的曙光

永远敞开的那扇家门

俗话说：有钱没钱，常有就好；家富家贫，回去就好；一切烦恼，理解就好；人的一生，平安就好。

一个偏僻的村庄里住着一对母女，母亲深怕遭窃总是天还没黑便在门把上连锁三道锁；一年又一年，女儿早已厌恶了像白米粥般枯燥而一成不变的乡村生活，她向往都市，想去看看自己透过收音机所想象的那个灯光摇曳的华丽世界。终于一天清晨，女儿为了追求那虚幻缥缈的梦，毅然离开了母亲。她走的时候，母亲还在睡梦中。

"妈，孩儿不孝，你就当作没我这个女儿吧。"这是她留给母亲的最后一句话。

可惜这世界远不如她想象的那般美丽动人。城市里除了饥饿就是欺骗。她在不知不觉中，走向堕落之途，深陷无法自拔的泥泞里，这时她才领悟到自己的过错。

一晃10年过去了，已经长大成人的女儿拖着受伤的心与狼狈的身躯，返回到了故乡。

她回到家时已是深夜，微弱的灯光透过门缝渗透出来。她轻轻敲了敲熟悉的家门，却突然有种不祥的预感。女儿扭开门时把自己吓了一跳。"好奇怪，母亲之前从来不曾忘记把门锁上的。"

母亲瘦弱的身躯蜷曲在冰冷的小板凳上，以令人心疼的模样睡着了。

"妈……妈……"听到女儿的哭泣声，母亲睁开了昏花的眼睛，一语不发地搂住女儿疲惫的肩膀。在母亲怀里哭了很久之后，女儿突然好奇问道："妈，今天你怎么没有锁门，有坏人闯进来怎么办？"

母亲回答说："不只是今天而已，我怕你晚上突然回来进不了家门，所以10年来门从没锁过。只是我现在越来越老了，有时会不小心打个盹……"

母亲10年如一日，在小板凳上耐心地等待着，有时一阵轻风吹开房门，母亲都会欣喜若狂地马上迎过去。女儿房间里的摆设一如当年。

这天晚上，母女可以不用再听门了，终于可以睡一个踏实觉了，她们又回到10年前的样子……

在你远行的日子里，这世界上总有一扇门是永远为你敞开的。是母亲、是父亲在等待中为你敞开的那扇家门……

亲情，让我们在孤独看到幸福的曙光

当我们遇到挫折时，能够在背后默默支持自己的是家；当我们失去信心时，给予自己最多关怀的是家；它让我们感受不到孤独，让我们看到幸福的曙光。

每当我们为自己的怀才不遇而灰心丧气，甚至一蹶不振时，是亲人用绵里藏针的话语，抚慰我们脆弱的心灵，鼓起我们重新奋斗、拼搏的勇气；当我们为自己事业中屡遇的挫折而感到自卑、愤怒、怨天尤人，甚至跑向荒野，对着苍天大喊"神啊，救救我吧"时，是亲人用婉婉的细语，耐心的劝慰，抚平我们心口的创伤，引着我们走出悲痛的沼泽地。

生活总是富有新奇的色彩。一扇没有上锁的门，是家人的爱，是家人的等待。

感谢家的温暖，给予我们不断成长的动力。

♥ 父爱如山，给自己的父亲写一封信

不管距离远近，都要和父亲互通一次信

人们都说，父爱就像一座山，沉默、稳重，岿然不动。在现实中，我们会无法避免地被一些事情伤得体无完肤，有时候，我们就会选择逃避。但是，无论我们怎样逃离，也逃不出父爱这座大山。

在那首《常回家看看》里，"妈妈准备了一些唠叨，爸爸张罗了一桌好饭"，妈妈的感情总是这样直接地表达出来，所以，孩子一般和母亲的交流要多些。然而，父爱就是这样无声却有行动在阐释，子女和父亲的交流就显得相对少些，所以，不管距离多近，子女都需要和父亲互通一次信，让孩子的心和父亲的心靠得更紧些。

在通信中感悟父爱、升华亲情

和父亲互通一次信，要远胜过许多次面对面的交流。当面对面的时候，双方都会因为羞涩无法打开心扉，更重要的是，声音的时间性会催着我们说话，不然就会出现沉默。此时，用心去想出来的话，也是浮光掠影，无法真正表达内心深处的想法。然而，当我们拿出笔来，对着白纸思念父亲时，情绪经过筛选把最纯粹的部分书写在纸上，也方便对方抽出专门的时间仔细地去读信里想要表达的内容。

在父亲和子女之间通信时，双方都不必斟酌怎样表达，把想说的话，需要说的事直接简单地说出来，至亲的人之间语言的交流上应该不

存在隔阂，这样的交流不是为了彰显自己的文采，也不是为了显示自己的深度，这只是亲人间最普通的交流方式。父亲可以唠唠家常，儿女可以谈谈理想，亲人之间在亲情的基础上又加了一层友情的色彩，即使不是无话不说的境界，也会使彼此的关系变得更加和谐。

给自己的父亲写一封信，谈谈工作也好，谈谈人生也好。你会发现，父亲的爱是那么深厚稳重，父亲就像一座山，给迷茫飘摇的我们那么沉实的安全感。

♡ 感悟母爱，我们生命中最好的养料

最无私最伟大的母爱

总有一种爱让我们温暖，总有一种爱让我们铭记，总有一种爱让我们内心震颤。这就是母爱。

"谁言寸草心，报得三春晖。"连小草都忘不了阳光对它的滋养，更何况是人类呢？只要是有生命的东西，都有着一个伟大的母亲。在这个世界上，母亲是与我们的生命联系的最紧密的人。当我们思乡想家的时候，当我们身处困境的时候，母亲总是会出现在我们的身边，给我们坚实的感情依托。

有一位大学毕业生，全靠他的母亲劳苦节俭，才能够读到大学毕业。在毕业典礼的前一天，他回家去见他的母亲，请求他的母亲去参加他的毕业典礼。他的母亲推托说："好儿子，我没有好衣服穿，不成样子，穿了破的去，要丢你的脸。"儿子说："妈妈，儿子能有今天，都是母亲的功劳，都是母亲的荣耀，尽管去吧。"儿子百般相劝，母亲才答应去参加儿子的毕业典礼。

次日早晨，礼堂中挤满了人，个个衣装鲜艳，神采奕奕。在礼堂的大门口，这位大学生穿着礼服头戴方帽迎接他的母亲。大家看见他手挽着一位乡下贫穷的老太太进来，又坐在礼堂头一排的座位上，无不惊奇。这位毕业生在同班的几十人中考得第一名，所以由他代表全班同学上台演说。在他的毕业演说中，他述说了他的母亲如何节俭以供给他的生活，如何支持、鼓励他的学业，说得诚挚感人。等到校长颁发文凭和奖品的时候，那位大学毕业生又走下台来，扶着他的母亲走上台去，把文凭和奖品恭敬地放在母亲的手中说："妈妈，这一切都是你的功劳。"全场的来宾和老师同学们，看见这一幕都大为感动，有的人几乎要流下泪来。

也许，这个世界上最无私最伟大的爱就是父母对儿女的爱了。这种爱和付出，没有任何的功利性，没有任何自私的目的。正是这种爱才使人类得以在地球上代代繁衍，生生不息。

感悟母爱——我们幸福一生的甘泉

母爱是我们生命中最好的养料，只需浅浅的一勺清水，就能使生命之树生根发芽、茁壮成长。尽管有时，那树是极其的平凡、甚至是不起眼；尽管有时，那树是极其的瘦小，甚至还有些枯萎，但只要得到了爱的滋润，它就能健康成长，甚至变成参天大树。

母爱像一股涓涓细流，虽无声，却能够滋润干涸的心灵；虽平凡，却孕育着惊人的伟大。不管儿女曾经犯过什么样的错误，母亲那宽广的胸怀总是可以栖息的港湾。

早该感谢我们的母亲了，不仅仅为那份精心的饭菜；早该感谢母亲了，不仅仅为临走时的那句"路上小心"；早该感念母爱了，不仅仅为它所带来的温馨。

当身心受爱情的伤害在母爱的温情抚慰下逐渐消散，当曾经真挚的友情带来的烦恼在母爱的喃喃轻劝下无影，当一再受挫的心在语重心长里渐渐抚平，谁能说，亲母爱情不是我们永远牢固的避风港？

母爱是伟大的，只是奉献，不求索取。感谢母爱，带给我们生命中最好的养料，滋润我们的心灵，丰盈我们的生命。

♡ 常回家看看，陪父母说说话

不要把工作累当成不回家的借口

现在，更多的子女常年在外工作求学，即使春节回家，不是忙于应酬，就是外出旅游，无暇陪伴父母。父母不得不在孤独和寂寞中度过余生。为了能和儿女团圆，无助的他们想出了各种办法：从"子女探亲奖"到"团圆公证"，报纸上，电视上，类似的新闻比比皆是。

父母物质上的不足，生活上的不便，诚然令人不安，但是父母精神上的落寞，却更让他们心痛。对于春节，这个传统上视为团圆的日子，孤独老人的心理落差就更加强烈。

父母可以过着清贫的生活，却很难忍受对孩子的思念。身为子女若不想给自己留下永远的遗憾，即使学习再忙、工作再累，也不能把这些当成不回家的借口。

不论外出多远，都要常回家看看父母

每当秦月听到《常回家看看》的歌声时，她就充满了对父母的愧疚。因为，她过着"北漂一族"的生活，远离家乡，远离父母。她不知道，那些与父母同住一城的儿女，是否都能做到经常回家看望他们的父母，如果是她，在那样便利的条件下，她一定会经常回去，哪怕只是吃顿饭。

秦月因为工作忙，平时就不常回家，父母也不曾来他们这里住过。

有一年国庆，秦月打电话叫父母到他们这里，好陪二老玩几天。可父母就是不来，无奈秦月只好回家探望父母。她嗔怪父母说："想我们就到我们那里住上一段时间嘛！我们工作在那边，没办法经常回来。"母亲叹了一口气说："我不是不想去，去了怕给你们添麻烦。从小你姥姥就说：只要还能走出大门，就不要去麻烦别人。我要是身体好，腿脚灵便，肯定去你们那里住。还能给你们做做饭、洗洗衣服，家务活不让你们操心。唉！可现在妈的身体不行了，你们每天那么忙，我去了就是个累赘。"

秦月看着母亲，心里不是滋味。

母亲年轻的时候，父亲经常出差，家务都是母亲一个人做。她怕影响孩子们学习，几乎没让秦月做过家务，秦月上大学前连自己的衣服都没洗过几回。如今母亲的关节炎，一变天就会疼，糖尿病也让她行动起来浑身不舒服。可一听说秦月他们要回家，她就会去远处的大市场，买很多秦月爱吃的东西，做一大桌的饭菜。

可如今，秦月却常常因路途遥远而推迟了回家探亲的时间，想到这些秦月惭愧不已："只要还能走出大门，就不要去麻烦别人。"可我们却麻烦了父母一辈子！

那首《常回家看看》的音乐，唱出了多少父母的心声，再现了多少儿女看不到的父母的孤单。如果，你与父母同住一城，每周末最少要用一天与父母团聚。如果，你远离父母，在节假日的时候，一定要回家看看。

天下父母，看重的就是个亲情。和儿女一起吃顿家常饭，坐在一起聊聊家常，就可让父母高兴半天。常回家看看，多陪陪老人，这不仅是对父母的关爱，更是每个为人子女应尽的责任和义务。

♥ 庆贺父母的结婚纪念日和生日

在父母的结婚纪念日给父母赠送一份礼物

从孩子出生到成长，父母一步一步老去，几乎将所有心血投注在孩子身上。然后，孩子长大了，他们也快要忘记了年轻时候那些浪漫的纪念日。情人节是属于年轻的孩子们的，玫瑰、巧克力是孩子们的，那些日夜操劳的父母，唱着"坐着摇椅慢慢摇"，就真的习惯了平淡的幸福。偶尔给父母一个惊喜，让他们回顾年轻时候的浪漫情怀，举杯，一同微笑。

用心为父母做一个生日蛋糕

在心情低落沉郁的时候，甜点是一种让人顿时愉悦起来的食物。做一个好蛋糕要求蛋糕师的心要细、手要巧，所以许多年轻人会为恋人亲手做一个蛋糕表达爱意。这似乎也成为一种"卓有成效"的求爱方式。

高端的蛋糕师在传授所谓"秘方"的时候，往往会告诉求学之人：用心去做。这建议看似平淡无奇毫无帮助，却是烘焙蛋糕的最高境界。甜腻的奶油，精致的模具，必须一步一步全心全意地去做，才能做出好看好闻，味道细腻的蛋糕。所以才会有用以表达爱意之功用。

你不如也去尝试一次，买些用具和作料，上网找点教程，为父母烘焙一个蛋糕。仔细地涂上奶油，做些小装饰，写上感谢父母的话，当他们看到的时候，一定是不小的惊喜。

　　最温柔的用心不一定只给恋人，最体贴的安慰不一定只给朋友，不要忘记了，在你的一生中，亲情的位置永远都是高于一切的。你有一个家，有等候你回家吃顿饭的父母，有每天关切地唠叨你注意身体的电话。当你与朋友尽兴，与恋人甜蜜的时候，他们还在等着你们早点回家；当你们绞尽脑汁为朋友挑选生日礼物，为恋人制造惊喜的时候，他们还在等着你们打个电话回家问候一声。

　　如果你还记得他们，如果你爱他们，就用比对朋友、恋人多一百分的认真，为他们做一些事情，让他们高兴。回过头想一想，我们每天欣然吃着父母做的饭菜，根本不会想到他们绞尽脑汁地去迎合我们的口味，多年来，我们也不过是他们眼中的孩子，却忘记了随着年龄的增长，孩子已是大人，而父母也成了老人，需要我们更多的关心。

　　在烘焙蛋糕的时候，想想你的父母为你做菜时的心情，想想他们每天给你打电话喊你早点回家时的用心，然后用同样的爱去回报他们。不需要太多的雕饰，也不需要过多的甜腻，只需要那一步一步、亲手做成的蛋糕就够了。然后放到桌上，给他们切开，像他们每天急着给你盛饭一样，送到他们面前。

　　这时候，你不用过多地表达，父母欣慰的表情和衷心的夸奖，就是对你的最高奖赏。

　　在父母的结婚纪念日和生日，下班后买一束鲜花送给他们，你的一个小小的举动将会给父母带来一份惊喜、一份欣慰、一份幸福！

♥ 以点滴行动，体贴和报答父母

早晨说句早安，睡前说句晚安

孩子开始离家，父母开始牵挂，古时今日这般的故事就不用多述了，哪个父母不希望每日醒来都能看到孩子一脸欢笑，又在黑夜来临时满脸幸福地睡下呢？这么些年来，日日夜夜与子女一同醒来、睡去，一同度过日日夜夜，不是这一朝一夕的分离，就能让他们习惯这"不习惯的习惯"。也许他们睁眼的时候，会想想，孩子在不同的城市里，是不是开始上课了？自习了？工作了？也许他们睡下的时候，又会猜测，孩子是不是在熬夜？在辛苦？在失眠？这种等待一等或许就是一载，然后子女也许回家一回，又分离，又相聚，又分离……打拼着的忙忙碌碌的我们也许还在感叹自己的辛苦，对偶尔打电话来的父母抱怨着生活上的不如意，却忘记了他们日日的牵挂有多心酸。记得的话，早晨说句早安，睡前说句晚安，养成习惯，让他们等待的时间、猜测的时间、不安的时间能够少一些，安心起床，早些睡觉。

记住父母爱吃的食物，换掉满桌子自己爱吃的菜

父母做饭总是记住子女的口味和喜好，每次回家团聚的时候，桌上就摆满孩子爱吃的菜。小时候也许不以为然，看他们吃得津津有味，也就以为这样的饭菜再自然不过。其实他们也许因为高血压不能多吃油腻，但却烧了一大盆的红烧肉，也许高血糖不能多吃甜食，但却做了各色的糕点。他们也许吃很少，只是看着孩子吃就心满意足。我们长大了，眼角的余光渐渐能够看到他们脸上爬起的皱纹，看得懂他们的体检报告，知道了他们要注意饮食，知道吃太多的剩饭剩菜对身体不好。我们才明白，这些年他们习惯的菜式，不是习惯，也不是他们喜欢吃，而只是为我们能多盛一碗饭，多喝一口汤，多在饭桌上称赞他们的手艺，与他们聊聊天。这样的恍然大悟是有多心酸啊。终于我们也能做饭给他们吃，换下自己喜欢的满桌子的菜，给他们做不同的食物，了解他们喜欢吃什么，知道什么对身体好，帮他们盛饭，给他们夹菜……从前他们能为我们做的事情，我们都能为他们做。

亲情是世界上最弥足珍贵的一种感情，关系到家庭和睦、人生幸福。亲情关系和谐与否，对于每一个家庭成员都有重大的影响。恶劣的亲情关系往往使人处于内外交困之中，对健康的影响是不言而喻的。要想拥有和谐的亲情，不但需要家庭中所有成员的共同努力，更需要付出很多的精力和时间。做子女的，应当维护亲情的表率，在点滴行动上回报父母的养育之恩。

工作长碌之余给父母打打电话，给父母做一顿可口的饭菜，帮父母洗洗筷子涮涮碗，睡觉前给父母打一盆洗脚水，亲情的温馨存在于这些小的细节当中。

人 生 很 短 ， 别 在 错 过 中 一 错 再 错

PART 11

感恩惜福，感恩的心是人生幸福的源泉

用感恩的心，感谢命运，感谢生活；

用感恩的心，感谢父母，感谢爱我们的人；

用感恩的心，面对生活，回报社会，去迎接未来的挑战。

让我们以感恩的心去看待自己所拥有的，以知足的心去体察和珍惜身边的一切！

让我们在渐渐平淡麻木了的日子里，去发现生活本是如此丰厚而富有！

让我们领悟和品味命运的馈赠与生命的激情！

让我们收集如此饱满的感情，让感恩之心伴随幸福的一生……

♡ 感恩是一种快乐，更是一种幸福

有了感恩心，每天都能与快乐幸福相伴

所谓幸福，是有一颗感恩的心，一个健康的身体，一份称心的工作，一位深爱你的爱人，一帮信赖的朋友。虽然，幸福快乐也很难有具体的标准，每个人所追求的幸福快乐不同。

如果你有一颗感恩的心，你会对所遇到的一切都抱着感激的态度，这样的态度会使你消除怨气。早上起来的时候，看到窗外的阳光，你会感恩；吃一块面包，你会感恩；接到朋友的电话，你会感恩；在树上看到一只鸟在唱歌，你会感恩；看到猫咪睡在你的床头，你会感恩；然后你的一天乃至你的一生，就在这感恩的心情中度过，那你还有什么不幸福，不快乐呢？

如此说来，一个人如果有了一颗感恩的心，他就是一个幸福快乐的人。对于别人的帮助，哪怕是一点一滴，都要抱有感恩之心。有没有感恩之情是衡量一个人是否高贵的标准。因为确实有一些人不懂得"感恩"两字，不论是对于别人的帮助，还是对他自己每天要面对的生活。对这些人来说，幸福快乐确实是太遥远了。

感恩带给我们最持久的快乐幸福

一个人一旦拥有了感恩之心，就算仰望夜空，他也会有一种感动，也会体会到快乐。只要学会了感恩，我们才会改变态度。米卢当年对球员说：我一要对发明足球人的感恩，没有足球，就不可能有我这个足球教练米卢了；二要对中国体委感恩，是他给了我一次带队的机会；三要感谢队员，感谢队员密切合作。

因为有了感恩之心，于是才有了他大力倡导的"快乐足球"，才有了他的名言——感恩决定态度，态度决定一切。世界不会因谁而改变，需要改变的是我们的心。

拥有了感恩之心，我们才会拥有平和的心态，才会拥有恬淡与从容。

快乐幸福有许多种类，在一切快乐幸福之中，只有感恩带来的才是真正的快乐幸福，才是最高境界的快乐幸福，而且这种快乐才能持久幸福，才有意义。

没有感恩之心，就不可能有好心态；没有好心态，就不可能谈得上更大的快乐！

♡ 感恩会得到最丰厚的回报

感谢生活的人，生活会给予他丰厚的回报

人生有付出，就会有收获，如果我们以爱心去对待别人，别人也会以同样的爱心来对待我们。感谢生活的人，生活才会给予他丰厚的回报。一个人口渴了，发现半杯水欣喜若狂是因为他感谢别人的给予，而抱怨的人下意识里首先是对他人的不满，甚至鄙视。一个不知感恩、不能感恩的人，不会拥有积极的心态，不会热爱人生，不会热爱工作，也不会拥有谦虚好学和培养良好习惯的内在动力。

感恩与不满是两种情感，它所关注、吸引的事物和形成的结果是不一样的。感恩的人关注吸引美好的事物——首先感激→关注美好事物→形成积极期望→积极心态→形成积极有效行动→从而造成积极结果。相反，不满的人关注吸引不满的事——首先厌烦→关注不好的事物→形成消极期望→消极心态→形成消极行动→从而造成消极的结果。这样，形成新的马太效应：感恩的人，越来越美好，越来越富有；而不满的人，越来越烦恼，越来越贫穷。把"恩"拆开，就是"因"和"心"，正因为有了一颗爱心，人们才会用真情温暖彼此的心。常怀感恩之心，会使我们心胸恬淡、胸怀宽广，促进和谐人际关系的建立。

感恩是一种催人向上的动力，感恩浇灌出幸福的硕果

感恩不是压力，不是债务负担，而是一种人生智慧，是一种催人向上的动力。

曾经位居台湾金石堂排行榜第一的畅销书《乞丐囝仔》，短短时间就销售上百万册，书中内容真实感人、催人泪下。故事主人公，就是台湾十大杰出青年赖进东。赖进东出生在一个乞丐家庭，全家10口人大多有重度残疾，全靠乞讨为生。赖进东刚刚学会走路，就跟着姐姐乞讨，四处流浪，过着风餐露宿的生活，经常以坟地、庙宇为家，10岁之后边读书边乞讨，总共过了17年的乞讨生活。身为长子的赖进东不但肩挑全家的担子，更努力求学，发奋工作，终能娶妻生子，经营事业。人生至此，是苦尽甘来、开花结果。

书中最后说："我一直相信天下没有白吃的午餐，虽然你付出了多少不一定会得到多少，但如果你不脚踏实地努力，那么你得到的也很快会再失去，因为轻易得到的东西不会让人珍惜。今天，我愿以最谦卑的心情跟大家分享我半生的人生经历，希望读者都能喜欢这本书。而我一直有个心愿，就是尽我的能力筹盖一座多元化的孝亲公司、孝亲图书馆，这也是我写这本书的目的。当然，这个心愿实现起来不容易，但我相信只要努力，未来一定会完成这个梦想。

"最后，我要向在我生命中出现的人，献上我最诚挚的谢意。

"——感谢过去曾经关照我的所有人士，以及我所有老师的鼓励、照顾、教诲，使我有今天。

"——感谢我的老婆阿霞，感谢她愿意为这个世界上最不幸的家庭牺牲自己，这么长的时间，她一直陪在我身边，无怨无悔地陪我走过这段艰辛的路程。

"——感谢我的父母，他们生我、养我，虽然两人都是重度残障，但我永远爱着他们、怀念他们。还有我最亲爱的姐姐，如果不是她长期一直扮演我生命中的明灯，做我的精神支柱，阿进根本不可能活到今天。

"——谢谢我的老板，他给我机会，让我可以在工作上一展所长。

"——也要谢谢过去曾经嘲笑、侮辱过我的人，是因为他们的刺激，让我有了向上攀升的力量。

"——我终可以说一声：谢谢你们，我没有辜负大家对我的期许。天无绝人之路，曾经的痛苦、委曲、折磨，曾经我走在遍布荆棘的漫漫黑夜长路，而终有这一天，我望见了希望，走出了自己的人生道路。"

赖进东的事迹十分感人，这告诉我们：什么样的人最幸福，有人会毫不犹豫地说，拥有快乐心情的人最幸福！怎样才能拥有快乐的心情呢？那就是让自己有一颗感恩的心。

不懂得感恩的人，绝对不会有幸福和快乐。因为感恩的心是人生幸福的源泉。一个人只有懂得感恩并领悟幸福，才能真正体验人生的意义和价值，才能享受成功的人生。

💛 感恩让生命充满快乐和幸福

感恩之心带来无尽的快乐

感恩之心会给我们带来无尽的快乐。有一首歌的歌词写道："不在乎天长地久，只在乎曾经拥有。"为生活中的每一份拥有而感恩，能让我们知足常乐。感恩不是炫耀，不是停滞不前，而是把所有的拥有看做是一种荣幸、一种鼓励，在深深感激之中产生回报的积极行动，去与他人分享自己的拥有。感恩之心使人警醒并积极行动，使人更加热爱生活，使创造力更加活跃；感恩之心使人向世界敞开胸怀，去投身到仁爱行动之中。

没有感恩之心的人，永远不会懂得爱，也不会得到别人的爱；拥有感恩之心的人，即使仰望夜空，也会有一种感动，体会到一丝快乐。正如康德所说："在晴朗之夜，仰望天空，就会获得一种快乐，这种快乐只有高尚的心灵才能体会出来。"生活中确实需要感恩。不懂得感恩，生活便会黯然失色，人生便没有滋味。

感恩之心带来无尽的幸福

有两个人在沙漠中行走多日，在他们口渴难耐之际碰到一个赶骆驼的老人，骆驼上放着一大皮袋水。于是他们便向老人讨碗水喝，老人却仅给了他们每人半碗水。其中一个人在老人走后，一个劲儿地抱怨老人吝啬，有那么多水，却只给半碗，一怒之下，他竟将半碗水泼掉了。另一个虽然也知道这半碗水并不能完全解除饥渴，但还是怀着感激之情喝下了这半碗水。结果，他们又往前走了很远也没碰到水源，而前者因为拒绝喝半碗水死在沙漠中，后者因为喝了这半碗水，终于走出了沙漠。

老人施舍的分明是一种爱心，而后者喝下的也是一种感激，正是这种感激，才支撑着他走出沙漠。生活中我们也应该学会感恩，感激父母给了我们生命，感激国家给了我们和平，感激路人给了我们帮助，感激……生活中需要感恩的事实在是很多。

每天睡觉前花一点时间去想一想，今天有什么让自己感激的事，比如：父亲的一句叮咛，母亲的一顿早餐，妻子的一个微笑，邻居的一声问候，这些都是生命中爱的体现，都是值得我们感激的。如果我们能够感受到其中的爱，便会充满感恩之心，我们的生活也就变得可爱、美好而充实。

生活中怀有一颗感恩之心，才能体味到人生的幸福。

♡ 有感恩的心，人就会幸福

以感恩心化解抱怨心

很久以来，人们的内心充满了渴求与贪婪，对财富与成功的渴求，对爱情的渴求，却从来没有仔细地审视自己所拥有的一切。正是这种贪婪的心理把那些感受美好事物的心灵给遮蔽了，让人们忘记了上苍所给予自己的种种恩赐，并总是对未来充满期待而忽略了对今天的感恩。

曾经有个愤世嫉俗、心中无法平静的人，求见作家海伦·凯勒，向她请教如何解除令人不快的念头。海伦回答道："从今天起，请你每天写下一件令你感激的事。"刚开始这个人需要思考很久，才能想出今天有什么好感激的事，但随着时间的推移，他逐渐对大自然的美好产生了感激，进而他发现，有许多人和事值得他感谢。到了后来，他看见这世界上一切都是赐予，一切都是光明，他的胸怀无限开阔，从此他的愤恨也消失得无影无踪。

有了感恩的心，就有了幸福感

感恩是一种生活态度，是一种思想境界，是一种善于发现生活中的感动并能享受这一感动的情绪体验。心怀感恩的人，有一颗美好的心灵。当一个人能够静下心来，用心去体会身边的世界，就会很容易地发现，需要感谢的事情实在是太多了。如果没有阳光，就没有明亮温暖的日子；没有春夏秋冬的轮回，就体会不到生命的生生不息；没有水，就没有生命；没有父母，就没有自己；没有亲情和爱情，世界就会充满孤寂的灵魂。

霍金曾说过："我的手还能活动；我的大脑还能思维；我有终生追求的理想；我有爱我和我爱着的亲人与朋友；对了，我还有一颗感恩的心……"有谁会想到，能够写出这样美妙而豁达文字的竟然是一个在轮椅上生活了30多年的人？盲人作家海伦·凯勒一生只享受了19个月的光明，较之一般人，她遭遇了更多的不幸。可她却时时心存感激，感受生活一丝一缕的给予，为人类创造了宝贵的精神财富。感恩之心可以催生理想的火焰和奋斗的精神，使一个人保持一颗乐观、积极的心态。所以说，感恩与外部条件无关，它是一个人内心深处的切实领悟。有了感恩的心，就有了平和的心态，也就有了幸福感。

圣经说：要常常喜乐，不停祷告，凡事谢恩……拥有一颗感恩的心，是幸福生活的催化剂，学会感恩，才会知足，才会快乐，才有健康，才会感到幸福。

时时感恩，幸福就已经是满满的了。

幸福就是——拥有一位忠诚的伴侣，一个温暖的家庭，一个健康的身体，一份称心的工作，一位信赖的知己……幸福的关键不在于你是否拥有这一切，而在于你是否为此而怀有一颗感恩的心。

♡ 感恩，使我们的心灵达到和谐

感恩是灵魂上的健康

感恩是什么？有人说，感恩是一种人生哲学，是一种大智慧，是一种快乐心境，是一种人生境界。其实，感恩更是一种内心的觉悟。从拆字的角度看，"觉悟"不正是"发现我心"吗？那么也可以这样理解：感恩之人必是关注自我内心的人，关注自己良心、灵魂居所的人！诚如于丹教授所言：我们的眼睛看外界太多，看心灵太少。一个人的视力要具备两种功能，一个是向外去无限宽广地拓展世界，另外是向内无限深刻地去发现内心。

日本作家村上春树有一句很经典的话：每个人都像是一座两层楼，一楼有客厅、餐厅，二楼有卧室、书房。大多数人都在这两层楼间活动。实际上，人生还应该有一个地下室，没有灯，那里是人的灵魂所在地。给生命留一间暗室，常常走进去才能出好的作品。

是啊，在繁忙生活的间隙，我们也要常常走进灵魂的暗室，关注一下自己真实的内心世界，让那些曾感动过我们的美好常在心中回响。如此，才能拥有一段快乐而有意义的人生！

而感恩，可以净化我们的心灵，使我们的心灵达到和谐，且永远温暖如春。

尼采说："感恩即是灵魂上的健康。"一个懂得感恩并践行感恩的人，他的心是真诚的、友善的、平和的，他的人格是高尚的。当感恩成为一种自觉，当感恩成为一种健康的心态，一个人的身心和灵魂便有一种超越，就会懂得尊重他人，尊重每一份平凡的劳动，心中就会多一份难得的快乐、宁静与和谐。

感恩是和谐内心的调试剂

有个寺院的住持，给寺院里立下了一个特别的规矩：每到年底，寺里的和尚都要面对住持说两个字。第一年年底，住持问新和尚心里最想说什么，新和尚说："床硬。"第二年年底，住持又问新和尚心里最想说什么，新和尚说："食劣。"第三年年底，新和尚没等住持提问，就说："告辞。"住持望着新和尚的背影自言自语地说："心中有魔，难成正果，可惜！可惜！"

在现实生活中有很多这样的人，不懂得感恩，不珍惜别人为自己的付出，整日牢骚满腹，怨言载道。住持所说的"魔"，就是新和尚心里没完没了的抱怨，这样的人不知道感恩，不懂得知足惜福，更谈不上主动为别人伸出帮助之手。感恩是一把剪子，能剪除人们心中那些有毒的杂草，让理性与良知的幼苗得以茁壮生长。心怀感恩的人，没有没完没了的抱怨，也不会一味地斤斤计较，这样才会有一颗健康进取的心态，并拥有一个快乐幸福的人生。

一位外国总统问一位活了104岁的老太太长寿的秘诀时，老太太回答说，一是要幽默，二是要学会感谢。从25岁结婚起，每天她说的最多的两个字便是"谢谢"。她感谢丈夫、感谢父母、感谢儿女、感谢邻居、感谢大自然给予她的种种关怀和体贴、感谢每一个祥和、温暖、快乐的日子。别人每对她说一句亲切的话语，每为她做一件平凡的小事，每送给她一张问候的笑脸，她都忘不了说声"谢谢"。大家对她每天无数次的"谢谢"不但不厌烦，反而更加体贴、关爱她了，总觉得自己若不付出更多的爱，就对不起她那一声声的"谢谢"……

感恩的心，是和谐内心的最好的调试剂，心怀感恩让老太太拥有了一颗和谐的心灵。感恩的这种心情会带来一种良好的人生感觉，使一个人感到愉悦和温暖。

感恩，能给心灵洒一缕阳光，一个懂得感恩的人，总有机会让阳光洒进自己的心田。只有心怀感恩，一切的浮躁、不安、不满、不幸才会远离我们，我们的心灵就能和谐如春，生活就能过得更幸福美好。

💗 心存感恩，沐浴幸福的阳光

心存感恩，生活会赐予我们灿烂的阳光

人区别于一般动物，就在于人是有感情、有道德、有感恩之情、有正义感的。我们常说的"孝道""尊师"，就是要求子女对父母、学生对老师，要有一种感恩之心。感恩是一种做人的道德，是一种处世哲学，是生活中的大智慧。人人都应当常怀感恩之心，感恩是人类一种美好的感情，是人的美好心灵和高贵之处所在，是人与人之间道德良性互动的润滑剂。懂得感恩的人，往往是有谦虚之德的人，是有敬畏之心的人。

对待比自己弱小的人，知道要躬身弯腰，便属于前者；感受上苍，懂得要抬头仰视，这便是后者。因此，哪怕是比自己再弱小的人给予自己的哪怕是一点一滴的帮助，这样的人也是不应轻视，不能忘记的。为了感恩，我们说一声"谢谢"，打一个电话，送一张贺卡，写一封信，进行一次拜访，搞一次聚餐，送一份礼物等，都会因为彼此的真诚，体会到人与人之间的情谊，而成为人间的甘泉。

俄国作家契诃夫说："如果你手上扎了一根刺，那你应该高兴才对，幸亏没有扎到眼睛。"这告诉我们，感恩，是一种观察问题的视角，我们懂得感恩生活，生活将会赐予我们灿烂的阳光。

心存感恩，顺境逆境都会心存喜乐

人活在这个世界上，不可能处处一帆风顺，种种失意和无奈都需要

我们要勇敢地去面对，豁达地去处理。当我们在人生旅途中遇到风雨甚至不幸的时候，如果有一颗感恩的心，我们就会对所遇的一切都抱有一种感激的态度，这样的态度将会使我们消除怨气，鼓起前进的勇气。

美国前总统罗斯福一次家中失窃，被偷去了很多东西，一位朋友知道后立即写信安慰他，劝他不要太在意。罗斯福给朋友写了一封回信说："亲爱的朋友，谢谢你来信安慰我，我现在很平安。感谢上帝：因为第一，贼偷去的是我的东西，而没有伤害到我的生命；第二，贼只偷去我部分东西，不是我的全部；第三，最值得庆幸的是，做贼的是他，而不是我。"

对任何人来说，失窃绝对是不幸的事，而罗斯福却讲出了三条感恩的理由，这不能不让我们受到启迪。现实中，我们常自认为怎样才是最好的，但往往事与愿违，使我们不能平静，感到不满足。

有一位白领小姐，在家受到父母和哥哥的百般照顾，丈夫对她更是呵护有加，甚至连她的内衣、袜子都是丈夫洗。她都没有一点感恩。她嫌丈夫是个体育老师，于是离婚后改嫁了一位官员。倒是过上了有车族的生活，可她要承担全部家务，甚至还要忍受丈夫的打骂，脸上的笑容消失了，很快苍老了很多。

我们要相信，目前我们所拥有的，不论是顺境、逆境，都是对我们最好的安排。若能如此，我们才能在顺境中心存感恩，在逆境中依旧心存喜乐。

我们感恩生活，生活将赐予我们灿烂的阳光；我们不感恩，只知一味地怨天尤人，最终可能一无所有！成功时，感恩的理由固然能找到许多；失败时，不感恩的借口却只有一个。殊不知，失败或不幸时更应该感恩生活。感恩让你找到快乐，让你找到幸福。

♡ 面对苦与乐，感恩将它化做温馨

心怀感恩，寒冷中也能感受太阳的温暖

人生在世，虽然只有短短几十年，却要经历各种好事、坏事，尝遍酸甜苦辣。

生活是美好而沉重的。人生，是有苦又有乐的，是丰富多彩又艰难曲折的，就像白天与黑夜的互相交替一般。快乐时"春风得意马蹄疾，一日看尽长安花"，快乐的人连路边的鸟儿都在为他歌唱，花儿都似专为他开放。痛苦时，落日西风，万念俱灰，睡梦中也在滴泪。

人总是避苦求乐的，都希望快乐度过每一天，但生活本身就充满酸甜苦辣，快乐和痛苦本是同根生。当我们快乐时，不妨留一片空间，以接纳苦难；当我们痛苦，不妨想到往昔的快乐。

心往好处想，才能帮我们冲破黑暗的环境，打开光明的出路；才能获得更多、更大的人生乐趣。在困顿、苦难面前，一味哭丧着脸，除了磨掉自己的锐气外，是不会赚到任何同情的眼泪的。只有颤抖于寒冷中的人，才最能感受到太阳的温暖；也只有从痛苦的环境中摆脱出来，才会深深感觉到这个世界的美好。就像火车过隧道，即使在黑暗中，也要看到前方的光明。

心怀感恩，黑暗中也能看到窗外的光明

曾经有两个囚犯，从狱中望窗外，一个看到的是满目泥土，一个看

到的是万点星光。面对同样的遭遇，前者心中悲苦，看到的自然是满目苍凉、了无生气；而后者心往好处想，看到的自然是星光满天、一片光明。

人生的道路虽然不同，但命运对每个人都是公平的。窗外有土也有星，有快乐也有痛苦，就看我们能不能抱定青山不放松，心往好处想。

西方哲学家蓝姆·达斯讲过这样一个故事：

一个病入膏肓，仅剩数周生命的妇人，整天思考死亡的恐怖，心情坏到了极点。蓝姆·达斯去安慰她说："你是不是可以不要花那么多时间去想死，而把这些时间用来考虑如何快乐地度过剩下的时间呢？"

他刚对妇人说时，妇人显得十分恼火，但当她看出蓝姆·达斯眼中的真诚时，便慢慢地领悟到他话中的诚意。"说得对，我一直都在想着怎么死，完全忘了该怎么活了。"她略显高兴地说。

一个星期之后，那妇人还是去世了。她在死前充满感激地对蓝姆·达斯说："这一个星期，我活得比前一阵子幸福多了。"

"苦乐无二境，迷悟非两心"，妇人学会了心往好处想，所以离开人世前仍能感到一丝幸福，快乐地合上双眼，相信她死后能进入天堂；如果她仍像以前一样，一味想死，那只能是痛苦地离开人世。

不论何时，不论何事，都要心怀感恩，心往好处想。人生可以没有名利、金钱，但必须拥有美好心情。

对生活时时怀有一份感恩的心情，则能使自己永远保持健康的心态、完美的人格和进取的信念。

感恩不纯粹是一种心理安慰，也不是对现实的逃避，更不是阿Q的精神胜利法。感恩，是一种歌唱生活的方式，它来自对生活的热爱与希望。

💙 感谢世界，感谢命运，感谢有你

心存感恩，世界处处都有美景

作家三毛曾说过这样一段话："一个小女孩因为没有鞋子穿而哭泣，直到她看见一个没有腿的人。这个小故事虽然十分平凡，可是它常常在我的心中激励我。当我偶尔对人生失望，对自己过分关心的时候，我也会沮丧，也会悄悄地怨几句老天爷，可是一想起自己已有的一切，便马上纠正自己的心情，不再怨叹，高高兴兴活下去。"

幸福和快乐的感觉是很微妙的。衣罗穿锦，食前方丈，未必使人感到快乐。一个和睦的家庭，一个奋斗的目标，往往使人感到幸福已在身边。

早起可以听见清脆的鸟声，黄昏时可以看见玫瑰色的晚霞。春天百花争艳，秋日天高气爽。这个世界岂不美妙？岂不可爱？

动不动就怨天尤人，是把快乐和幸福摒绝于门外的愚蠢行为。如果你不小心摔了一跤，不要埋怨路面不平，你应庆幸自己没有跌破了头。很久没有擢升，不要怨恨老板不公，比起失业的人，你已经很幸运。嫉妒、怨憝、愤恨、抑郁……都是诱使人衰老、生病、堕落和犯罪的毒蛇，千万不要去接近它。

要在心中这样想：今天是个大晴天，真是个好日子。下雨的时候也要感谢上苍，因为雨水可以滋润五谷。你觉得自己的家境不如人吗？想想那些贫病交迫的人吧。你认为自己长得丑吗？可是你四肢完整、身体健康，对不对？就算你不幸而有了身体上的缺陷吧，你还有健全的心智可以从事工作，又有什么好怨天尤人的？凡事要退一步想，不要钻牛角尖。天无绝人之路，海阔天空，心存感恩，到处都有柳暗花明。

以感恩心对待每一件事每一个人

逢年过节，我们会经常收到这样的祝福信息："所谓幸福，是有一颗感恩的心，一个健康的身体，一份称心的工作，一位深爱你的爱人，一帮信赖的朋友。当你收到这条信息，一切随之拥有。节日快乐。"每次看到这条短信，内心总会泛出丝丝的感动。虽然知道，幸福并没有具体的标准，每个人的心中所追求的幸福也不尽相同，但令人感动的是，这条信息把"一颗感恩的心"放在首位。而那些排列在后面的条件，都是可以替换的。比如说，拥有一个健康的身体，如果没有感恩的心作为前提，尽管有健康的身体，却并不见得就感到快乐。"一份称心的工作"，这个也有一定的困难。因为尽管大多数人都会有一份工作，但觉得自己的工作是称心的却未必。但是，如果我们有了一颗感恩的心，就有可能把乏味的工作变成自己喜欢的工作，在这种感恩的心情驱动下，才会感到每一份工作对自己来说都那样的兴味盎然。

美国一位职业演说家曾说："地球上有30亿人每晚饿着肚子睡觉，但有40亿人每晚睡觉前渴望得到一句肯定和鼓励的话，却无所得。"那么，你是不是应该觉醒起来，关注一下默默无闻关爱你的人，关注一下帮助你的人，为你默默牺牲自己的人，那些可敬可爱的人。把心中的鼓励与感激说出来，也许正是因为你的一句话，就会有一个人不会伴着破碎的心和受伤的灵魂入睡，也许因为你的一句肯定和欣赏，就会有更多的天使站起来，让这个世界充满爱。感恩使你获得幸福，报恩使你灵魂净化，珍惜别人的恩典你才会懂得爱。

"一语天然万古新，豪华落尽见真淳。"人生最大的拥有就是感恩。感恩父母，赐予我宝贵的生命；感恩老师，教授我们知识的海洋；感恩朋友，给我支持指导帮助鼓励；感恩单位，给我施展才能的机会……

感恩是一种境界、一种胸怀、一种善于发现美并欣赏美的道德情操。一个人如果每天从早到晚老想着"谁对不起我"，就会很痛苦；若转变思维，想"我要对谁感恩"，就会感到幸福、快乐。

人要有一颗感恩的心。如果我们每个人以一种感恩的心情来看待身边的人和事，来看待这个世界，一定会觉得周围的人很可爱，这个世界很美好，快乐油然而生，你会觉得生活精彩无限。

一个人唯有懂得感恩并领悟快乐和幸福，才会真正体验到人生的意义和价值。

PART 12

慢下来，在静美的世界聆听幸福的声音

每天，行色匆匆地奔走于人潮汹涌的街头，
物的欲望在慢慢吞噬人的性灵和光彩，
内心的声音在繁忙与喧嚣中被淹没。
只顾匆匆往前赶路，就会错过沿途的风景，
生活不是速度的竞赛，人生路上需要适时放慢脚步，
奔波劳苦中记着放慢脚步，低头欣赏一下路边的花草。
慢下来，细心体会一下生活的乐趣，幸福就会向你招手。

♡ 放慢脚步，生活不是速度的竞赛

幸福会在你匆匆的脚步中流失

一个20出头的年轻小伙子急匆匆地走在路上，对路边的景色与过往行人全然不顾。一个人拦住了他，问："小伙子，你为何行色匆匆啊？"

小伙子头也不回，飞快地向前跑着，只泛泛地甩了一句："别拦我，我在寻求幸福。"

转眼20年过去了，小伙子已变成了中年人，他依然在路上疾驰。

又一个人拦住他："喂，伙计，你在忙什么呀？"

"别拦我，我在寻求幸福。"

又是20年过去了，这个中年人已成了一个面色憔悴、老眼昏花的老头，还在路上挣扎着向前挪。

一个人拦住他："老头子，还在寻找你的幸福吗？"

"是啊。"

当老头回答完别人的问话，猛地一惊醒，一行眼泪掉了下来。原来刚问他问题的那个人，就是幸福之神啊，他寻找了一辈子，可幸福之神实际上就在他旁边。

每个人都希望拥有成功、快乐、幸福的人生，秘密就在于你有没有给自己时间。我们常说生活是一门艺术，而艺术是讲究创造力与欣赏力的，它需要你花时间和心思在其中。生活应该是精致而美丽的，它充满乐趣和美好的体验。

讲求速度的现代人被时间的巨轮追赶得喘不过气来，但同时又认定忙碌才能带来充实的人生，因此不敢怠慢每一分每一秒钟，忙工作、忙赚钱，连度假也是争分夺秒，生命的乐趣就在一连串的赶、追、跑中被自己无情地剥夺了。

其实，生活的道路上有很多能引起我们遐想的平凡而又伟大的事物。路边不起眼的小树，小树庇护下的瘦弱野花，野花上采蜜的蜜蜂，甚至于蜜蜂身上的蜂刺——它的护身武器，也让人不由自主地联想起几千年来人类与自然的抗争：我们只有手这种柔弱无力的工具，然而却主宰了自然界。

放慢生活的舞步，聆听幸福的生命乐章

不要成为生活的奴隶，填饱肚子之余，别忘了心灵也需要营养。人不能只靠面包生活，你的心灵需要比面包更有营养的东西，你有多久没有唱歌？没有到大自然中走一走？没有读书了？

不妨问问自己：你可曾凝视花朵的坠落？你可曾注意过在秋千上嬉戏的小孩？你可曾聆听细雨落地飞溅的声音？你可曾追逐过飞来飞去的蝴蝶？你可曾凝视着"落日渐黄昏"？你是否每天忙忙碌碌，慌慌张张，当你的朋友问声"你好吗"，他们是否听到了回答？当忙碌了一天后，你是否躺在床上还想着明天的种种琐事呢？你是否曾因无暇联系而使一段珍贵的友谊无奈凋零？

当你匆匆往某处赶时，你就错过了在路上的乐趣；你最好慢下来，步子不要这么快，因为时光短暂，生命之乐不会持久。

当你生活中满是焦虑和急促时，日子便像未开封的礼物，就这样被你丢掉……

生活不是速度的竞赛，让我们放慢生活的舞步，在曲终人散前，仔细聆听这生命之乐。

给自己一点品味生命的时间，在音乐、艺术、文学和大自然的世界里松懈紧张的情绪，保持一颗鲜活的心，别拿忙碌当借口。多听多看，多关怀生命，即使是阴霾的雨天，也会出现欢乐的歌声。

一门心思地只想着快速前进，不仅会损伤自己的身体，给自己更多的心理压力，更有可能使自己失去更多。我们不放慢自己的脚步，一边前进一边欣赏沿途的风景，会有意想不到的收获。

💗 何须匆忙向前奔，沿途风景也美丽

只顾向前奔跑的人，无法看到身边的美景

一个牧师在他的布道词里颂读："上帝给我一个任务，叫我牵一只蜗牛去散步。

我不能走得太快，蜗牛已经在尽力地爬，每次仍总是挪那么一点。

我催促它，我吓唬它，我责备它，蜗牛用抱歉的眼光看着我，仿佛说：'我已经尽了全力！'

我拉它，我扯它，我甚至想踢它，蜗牛受了伤，它流着汗，喘着气，往前爬。真奇怪，为什么上帝要我牵一只蜗牛去散步？

'上帝啊！为什么？'天上一片安静。

唉！也许上帝抓蜗牛去了！好吧！松手吧！

反正上帝不管了，我还管什么？

任蜗牛往前爬，我在后面生闷气。

待放慢了脚步，静下心来……

咦？忽然闻到了花香，原来这边有个花园。

我感到微风吹来，原来夜里的风这么温柔。

还有！我听到鸟声，我听到虫鸣，我看到满天的星斗，多美。

以前怎么没有这些体会？

我这才想起来，莫非是我弄错了！

原来上帝叫蜗牛牵我去散步。"

动物为了求得生存，需要不停得奔跑才能避免被吃掉的危险；人类为了不同的追求而"奔跑"，才能在竞争中赢得胜利。有的人是为成功而奋斗，而有的人却像《阿甘正传》里跟在阿甘后面的那群人一样，因为别人跑，所以我也跑。

当然，不能完全否认"奔跑"的正面作用，因为没有奋斗，社会便没有进步。但是，眼下我们却是在无休止地跑，时刻都不停地跑。在这种氛围下，许多人一边"奔跑"，一边是被疲惫、挫折感、危机感、失落感缠身，且与日俱增。难道我们的人生就是狮子与羚羊你死我活的对局吗？难道我们的理想就是在气喘吁吁的奔波劳苦中攫取和逃生吗？如果我们奋斗终生就是像狮子一样为了找口饭吃，就是为了吃得更好些，住得更舒服一些，那人生是不是太乏味了？

放慢匆忙的脚步，欣赏生活中的美景

生活快乐是我们追求的结果，但感受快乐中的点点滴滴才更加弥足珍贵。事业成功是我们追求的结果，但体会成功所付出的每一份力量和汗水才更加深刻。所以，生命的本质不仅仅要看重结果，更要享受过程，品味过程中的艰辛和喜悦、失去和收获。在"奔跑"的同时，别忽视身边的美景。

如果你能放慢匆忙的脚步，看一看周围，就会发现生活中的美景无处不在：漫步在幽深的小路上，呼吸着清新的空气，透过树阴，阳光在地上洒落无数碎石般的斑纹。微风拂过，扑面而来的是淡淡的花香，使人心旷神怡。仰天长望，白云掠过，几朵白云在轻轻地飘。哼一首无名的小曲，默念一首小诗。相信你在感受到这些生活之美的同时，也真正明白了人生的真正意义和价值。

花开花谢总要有个生命的周期，花开时尽情美丽，不开花时就默默孕育。

奔波劳苦中记着放慢脚步，低头欣赏一下路边的花草，抬头看一下远处的风景，细心体会一下生活的乐趣，会让你走得更好更远。

慢下来，让心灵在天空惬意散步

奔波劳苦何时休

作为繁忙的都市人，你有多久没有躺卧在草地上，凝望苍穹，望天空云卷云舒，看夜空繁星闪烁了？你有多久没有亲近大地，观草木荣衰了？你有多久没有陪家人朋友共享一顿丰盛的烛光晚餐了？很久了吧，对不对？

现代人太忙了，忙碌烦躁，是多数人的生活写照。每天总是忙、忙、忙，越忙碌，就越觉得生活茫然。不知为何要这么忙，却又是忙、忙、忙。于是，盲目、忙碌、茫然，成天游来荡去，累了、烦了，却还是摆脱不了。忙碌仿佛成了一种惯性，而一旦脱离了这种惯性，整个人又似没有了魂的幽灵，整天晃来荡去不知所措。偶尔工作余暇有片刻松懈，又仿佛是偷来的快乐，不敢受用。

一位商界名人在接受采访时说道："我每天工作超过18个小时！常常是连吃饭的时间都在工作！"而此人得到的结果竟是吃几场官司，坐了一次牢狱，并最终于47岁英年早逝。虽然累积了几亿财富，但在世时他得到的似乎仅仅是忙碌和烦躁而已。

忙碌已非一种状况，而成了一种习惯。没有人喜欢忙碌，但不忙碌又害怕自己会落伍，会被社会所淘汰。对于大多数人来说，淘汰的危机与发展的危机并存，因此许多人都处在不穷也不富的尴尬阶段，放弃工作便是一穷二白，停下脚步便身心皆空。于是，只能马不停蹄地向前奔，只能用透支的身体作为生命中唯一的本钱，为"希望中的未来"而辛苦奔波。

放慢脚步，放飞自己的心灵

没见过一个发条永远上得十足的表会走得长久；没见过一个马力经常加到极限的车会用得长久；没见过一个绷得过紧的琴弦不易断；也没见过一个心情日夜紧张的人不易得病。人们在尘世的喧嚣中日复一日地进行着各自的奔波劳碌，像蜜蜂般振动着生活的羽翅，难免会有种种不安。

所以，我们何不放慢脚步，静下心来想想，每分每秒的忙碌，除了累坏了身体，增加了脸上的皱纹外，我们又得到了什么？细细品味其中的甘苦，只要我们平静地对待忙碌，适时放慢生活的脚步，轻松地放飞自己的心灵，用透明的情绪观察周围的一切，就会发现，其实，生活中除了工作之外，还有很多美好的东西在向我们招手。

不要苦了自己的心灵，停下匆匆的脚步，放飞心灵的风筝，让它在自由的国度里想怎样飞就怎样飞吧！放飞心灵的风筝，让它穿越光怪陆离的霓虹与灯红酒绿，穿越红尘沉浮的大悲大喜！

放飞心灵的风筝，让它在心灵的天空快乐尽舞，让我们的生活不再烦闷枯燥。

♥ 慢下来，倾听自己内心的声音

静下来，听一听自己内心的声音

一个人最不了解的人其实是自己。人们只了解自己的欲望，不了解自己的本性；只了解自己的所缺，不了解自己的所有；只了解自己的容貌，不了解自己的形象。为此，要学会正确省察自己。

很多时候，我们的内心都为外物所遮蔽、掩饰，从而听不到或不愿承认自己最真实的想法，因此在人生中留下许多遗憾。在学业上，由于我们还不会倾听内心的声音，所以盲目地选择了别人为我们选定的，他们认为最有潜力与前景的专业；在事业上，我们故意不去关注内心的声音，在一哄而起的热潮中，我们也去选择那些最为众人看好的热门职业；在爱情上，我们常因外界的作用扭曲了内心的声音，因经济、地位、相貌等非爱情因素而错误地选择了爱情对象……我们都是现代人，现代人惯于为自己做各种周密而细致的盘算，权衡着可能有的各种收益与损失，但是，我们唯一忽视的，便是去听一听自己内心的声音。

我们很忙，行色匆匆地奔走于人潮汹涌的街头，这也是我们不去倾听内心声音的一个缘由。我们找不到一个可以冷静驻足的理由和机会。现代社会在追求效率和速度的同时，使我们作为一个人的优雅在逐渐丧失。那种恬静如诗般的岁月在现代人已成为最大的奢侈和批判对象。内心的声音，便在这种繁忙与喧嚣中被淹没。物的欲望在慢慢吞噬人的性灵和光彩，我们留给自己的内心空间被压榨得越来越小，我们狭隘到已没有"风物长宜放眼量"的胸怀和眼光。我们开始患上种种千奇百怪的心理疾病，心理医生和咨询师在我们的城市也渐渐走俏，我们去求医，去问诊，然后期待在内心暗哑的日子里寻求心灵的平衡。

其实，人的真我一直在心中安静的角落里默默地生活着，当人忙于虚荣、享乐和野心的时候，他就悄悄地回避了，隐忍地等待主人的觉醒，像等待一个迷途的孩子。

静下来，体验丰富生命的内在乐趣

当生活变得干涸乏味，当饥渴的心灵觉得必须要好好审视自己的时候，请试着安静下来倾听真实的愿望。让内心的声音自由表达关于幸福、美丽和梦想的意义，体会生命之泉给心灵注入的希望和活力。这种倾听能帮助困境中的人们摆脱似乎已停滞不前的生命之舟，带他们跨入人生的另一阶段，让他们再度体验生命的甘美。

心理咨询师要做的事情，就是帮助困境中的人真实地、勇敢地面对自己的欲望、恐惧和愤怒，去掉蒙在心灵上的层层包装——这是一个非常艰难痛苦的过程，因为必须面对自己丑陋甚至邪恶的一面，但最终的结果将表明，这种痛苦是值得的——让心灵健康地在阳光下舒展。

人可以成为自己的心理咨询师。在内心的声音发出呼唤的时候，鼓起勇气回应它，突破现有的舒适的界限，尝试新的愿望和冒险，承担由此而来的责任，体验新的高峰的奖赏，体验丰富了的生命的内在乐趣，体验每一个微小瞬间的绝对微光。所以，别让内心的声音徒劳地呼喊，静下来，倾听自己的真正愿望吧！

每个人都有这样的经历，在遭遇大事的时刻，能听到自己内心的声音，如神示导引迷路的人走出森林。人只有在最倾力思考的时刻，才会听到内心的声音。心灵在宁静的时刻，才拨奏琴弦，弹出舒缓悠扬的乐音。

♡ 慢下来，静看天外云卷云舒

累时，不妨抬头看看天

耶稣说："人不能只靠面包过活，你的心灵需要比面包更有营养的东西。"你有多久没有唱歌，没有到大自然中走一走，没有读诗？是啊，对有着极大工作压力，繁重的生活负担，无余的生存现状的现代人来说，我们有多久没有关照过我们日益憔悴的心灵了？

其实，每天忙忙碌碌工作的人，并不见得就不能洒脱。关键是要在忙中求闲，苦中见乐，紧张中求轻松。只要你学会享受生活，学会体验生活的快乐，世间一切皆美好。

或许，在某一个夏日的午后，你一觉醒来突然发现，由钢筋水泥簇拥而起的高楼将狭长的影子倾覆在熙熙攘攘的街道上，空中纵横的电线密如蛛网，偶尔栖落的几只可爱的小麻雀，远远望去，如活蹦乱跳的音符，透过喧嚣，竟给人以一种恬淡明澈的美妙。

在这样一个美丽的午后，你何不走出去，带着自己的心灵一起散步，带着自己的心灵一起看看天呢？

心游太空，漫随天外云卷云舒

抬头看看天吧，朋友，看看苍穹云卷云舒，你会发现，你的心灵从来没有这么惬意过！看看头顶上的那片天，浮云逍遥地飘在广阔的苍穹，似奔马，似群羊，似高山，似游丝。好白的云，好美的云，就在我们的头顶上，悄然无声地上演着一幕幕精彩绝伦的剧目。

你肯定会慨叹：生活中原来有这么美的天空，生活中原来有这么美的云彩！可是，为什么你的步履总是那么匆匆，你的鞋子总是蒙着一层灰尘，你的履底无缘阅读洁白美丽的云朵？你的心遗忘在何处了？你的眼睛在追逐着什么？你为什么从来没有发现头顶上这片可供心灵散步的青天？

朋友，你相信吗？在这个喧嚣的世界里，有许多事情真的并不比抬头看天更重要。如果你我有缘相聚在心灵的天空，就请和我站到一起，让我指给你看吧——你我心灵的天空上，开着那么多上帝来不及采摘的花朵。

宠辱不惊，闲看庭前花开花落；去留无意，漫随天外云卷云舒。拥有这样一种心态，你的心灵还会累吗？

当你感到累了的时候，请抬头仔细阅读头顶上的这片天吧，你的答案就在其中，天上的云彩，最能明白你水一般的心境！

♥ 慢下来，饮一杯清茶品生活的甘苦

茶如人生，人生如茶

中国喜欢喝茶，茶是中国的第一饮料。在明朝郑和下西洋时就把茶叶当作礼物送给途经各国。茶叶与咖啡，是世界两大饮料。咖啡，初时尚甜，一会儿变淡、涩，甚而苦，而且还须有牛奶与糖作伴。茶则相反，无须陪衬，先涩，继而甘、醇。东西方文化之异同，也在此吧？

茶比任何饮料都解渴。烈日当头，口渴难奈时，端起一碗凉茶，一饮而净，是何等的惬意，何等的痛快！

茶如人生，闻之香味扑鼻，入口则是苦的，但仔细品味，却又有一股香甜之气从口至舌，至喉，至嗓，久久萦绕。

茶有红茶、绿茶、花茶之分。绿茶消热解暑，适宜夏季饮用；红茶清香浓郁，养气清肺，适宜冬季饮用；花茶爽心，适宜于春秋天饮用。此外，中国名茶如云，知名的有西湖龙井、信阳毛尖、碧罗春等等。

人生像一杯茶，若一饮而尽，会提早见到杯底。喝茶重在品，如能品出茶的种类便高出一般，如能品出茶的出处更是不凡，最是不凡者能从茶的轻淡厚重中品出茶出自何人之手，是年轻的小姑娘，还是年过半百的长者。

细品慢饮，从茶中品出人生的滋味

饮茶重在那份情趣。泡一壶淡茶，静坐看山，或独步寻芳，慢慢揭开悠长的寂静。喝着茶，对着山，对着树，对着雾，春去也，秋去也，冬去也，连太阳的血色也褪尽了，品着苦涩后的香醇，蓦然抬头，似乎从中体味出了人生的真正内涵。

喝茶又不能太过于讲究。日本人喝茶讲究茶道，据说完整的茶会有三段十八步，什么"沐淋瓯杯"，什么"茶海慈航"，什么"杯里观色"等等，不一而足。中国人喝茶不太讲究，紫砂壶也可，瓷壶也行，玻璃杯可以，大粗碗照样，实在没有碗，嘴对嘴也行。中国才是真正懂得茶的国家，喝茶不能为茶所困，太过讲究，否则，反而被束缚。

喝茶，喝的是一种心境，感觉身心被净化，喝下去的是清苦，沉淀下的是深思；喝茶，重在品味，但又不要太过拘泥，人人心中有菩提，只要能够喝出"采菊东篱下，悠然见南山"，便是得到了茶的真味。

不同的茶有不同的味道，但是都会有一种苦味在其中。再茗一口，含在齿间，感受润滑。当你如此慢慢地品下去，你会感觉到茶苦中带甜。这就是对人生的感悟！

茶是一缕清风，令人安静悠闲；茶是一种情调，一种欲语还休的沉默，一种欲笑还颦的忧伤；茶是一眼清泉，能洗去生活中的烦恼与悲苦，带来人生的甘甜和幸福。

品茶如品人生，从茶中能品出人生的滋味，茶能让他们回忆起往昔的酸甜苦辣。

♡ 慢下来，垂钓河边释放身心的劳顿

垂钓河边，释放心中的劳累

整日生活在嘈杂的环境里，很容易让人身心疲惫、心烦气躁，让人增加心理负荷，从而有碍身心健康，诱发胃溃疡、高血压、心脏病、脑血管意外等多种病症。所以，我们应该工作休闲两不误，在工作的同时，不忘给心情一个放松的机会。如果放长假，时间允许，你可以选择去远足，但如果忙里偷闲，那最好选择钓鱼，这既不会让你太过劳累，又能让你消除紧张的精神状态，使你恢复良好的心境。

钓鱼不仅可以让人忘却烦恼，放松身心，而且可以锻炼心性。脾气急躁者钓不得鱼，因为他们耐不得寂静；心胸狭窄者钓不得鱼，因为身旁的人钓到鱼会让他们嫉妒，让他们心中起波澜；贪婪吝啬者钓不得鱼，因为他们只想钓到更多更大的鱼，而不想下大鱼饵，他们满脑子是鱼，最后却钓不到鱼。真正的钓鱼高手，是不为钓鱼而钓鱼的人，他们图的是个过程，是种体验，正所谓"钓翁之意不在鱼"。不管是姜太公垂钓，还是诸葛亮、罗斯福和达尔文在余暇时去钓鱼，都不是仅为了吃鱼，而是为了修炼身心，为了松弛一下紧张情绪和有意磨练毅力、耐力，为了静心休养。

整日奔波劳苦的你，不妨离开繁忙的都市，到郊外觅个好去处，呼吸着新鲜的空气，欣赏大自然的景色，于和风暖日之中，执杆垂钓，亲身体验一下张志和《渔歌子》诗中"西塞山前白鹭飞，桃花流水鳜鱼肥，青箬笠、绿蓑衣，斜风细雨不须归"的垂钓意境，一定会让你流连忘返；而在垂钓时的全神贯注，静观水面鱼漂的沉浮动静，定会让你备感心旷神怡，别有一番情趣，也大有益于你的身心健康。

稳坐钓鱼台，烦恼烟云散

钓鱼活动有动有静，动静结合，静可以养神，可以让人放松心情，心平气和，使心灵得到陶冶；动则可以养形，让人舒展筋骨，**锻炼身体**。钓鱼时，手握鱼竿，独坐在钓鱼台前，不需费尽心思，"愿者上钩"即可，这种意境，让人心旷神怡，生活中的一切烦恼，早已**抛到脑后**，心情会一下子豁然开朗。所以说，钓鱼可谓是修身养性，防治疾病和增强体质的最佳运动方式。

佛家修身养性讲究静，认为静可以"炼心，强体"，所以打坐是他们的必修课。静对修身、处事都是大有好处的。钓鱼也讲究一个**"静"**字。钓鱼时你要能耐得三分静，有耐心地等待鱼儿上钩，要能够冷看鱼漂起伏、静观竿梢颤动。如果你心浮气躁，永远也不会钓到鱼，你必须忘我，你必须全身心放松，你必须任凭风浪起，稳坐钓鱼台，**此时**，你心如止水，似眠非眠，哪里还有什么名利、是非之争啊？

钓鱼讲究一个火候，讲究恰到好处，讲究一点"中庸之道"，钓鱼时竿提早了，钩子还未被鱼吃进嘴不行；提晚了，吃进鱼嘴的钩子又被吐出来也不行。而人生不也是如此吗？只有我们投入全部的热情和希望，集中全部的精力和智慧，从容追求沉着守候，才能适时抓住机遇，在生命的长河里钓起人生的辉煌。

人生如同钓鱼，每次都满怀欣喜地抛出手中的钩，并不见得都有收获，但心中总会有钓到鱼儿的希望。经得起鱼漂的上下沉浮，把握好手中的这根鱼竿，快乐幸福地面对每一天！

💝 慢下来，在水墨丹青中寻找乐趣

寄情于水墨丹青，陶冶性情放空烦恼

生活中不如意者常十之八九，人生道路上碰上点障碍在所难免，忧郁、彷徨、烦恼、悲愤可能每个人都体验过。

如果你喜欢，你可以寄情于水墨丹青，让这些充满灵性的艺术瑰宝去抚慰你那伤痛的心。

"琴书诗画，达士以之养性灵"，寄情于水墨丹青之中，沉浸于那洒满墨香的氛围之中，笔走神龙，气韵畅通，你的心胸会顿觉舒畅，感受艺术的同时也是更好地感受生命。

世界织布业的巨头之一威尔福莱特·康，尽管事业非常忙碌，在他为事业奋斗了大半辈子时，他总感觉到自己生活中缺了点什么东西似的，于是他选择了画画，每天从百忙中抽出一个小时来安心画画，不仅事业取得了辉煌的成就，而且他在画画上也得到了不菲的回报——多次成功举办个人画展。威尔福莱特·康在谈起自己的成功时说，"过去我很想画画，但从未学过油画，我曾不敢相信自己花了力气会有很大的收获。可我还是决定学油画，无论做多大的牺牲，每天一定要抽一小时来画画。"

威尔福莱特·康为了保证这一小时不受干扰，唯一的办法就是每天早晨5点前就起床，一直画到吃早饭，威尔福莱特·康后来回忆说，"其实那并不算苦，一旦我决定每天在这一小时里学画，每天清晨这个时候，怎么也不想再睡了。"他把楼顶改为画室，几年来他从未放过早晨的这一小时，而时间给他的报酬也是惊人的。他的油画大量在画展上出现，他还举办了多次个人画展，其中有几百幅画以高价被买走了。他把这一小时作画所得的全部收入变为奖学金，专供给那些搞艺术的优秀学生，"捐赠这点钱算不了什么，这只是我的一半收获。从画画中我所获得启迪和愉悦才是我最大的收获！"

泼墨挥毫作字画，愉悦身心增健康

画画不仅可以愉悦心灵，陶冶性情，还可以治病疗伤。

美国有一位画家作过这样一个实验：他特地为一位癌症患者画了一幅《天上飞来的希望》的画。

每当患者凝视这幅画时，那只正在波涛汹涌的大海上展翅高飞的海鸥便会使他心中升起信心和希望。医生曾断言说他活不过两年，可自从他试着每天去欣赏这幅画后，他的病竟然慢慢好转，他已活了35年，至今还健在。

无独有偶，另一个以画治病的故事更有趣。

据传南北朝时鄱阳郡王被齐明帝所杀后，其王妃悲痛欲绝，整日茶饭不思，终于一病不起。试过了各种妙方，尝遍了天下良药，仍不见好转，最后，其兄慕名请来一位画师为鄱阳郡王作一幅画像。画师深知王妃之病为相思病，经过一番冥想之后，便作好一幅画密封后转交给王妃，并让人转告她说，有人曾偷画郡王像，要王妃派亲信以高价赎取。亲信取回后，王妃展开一看，当即勃然大怒，从病床上一跃而起，大骂道："这个老色鬼，早该千刀万剐！"原来，画上画的是郡王生前和一宠妾在镜前调情的丑态。可说也奇怪，王妃的病从此日渐好转，最后竟然奇迹般康复。

作画可以让人沉浸其中，抛烦恼于脑后，观画可以让人宠辱皆忘，愉悦身心，获得一个美好心境。在现代快节奏的生活中，不妨在家中挂上几幅清丽典雅的字画，在闲暇之余细细品味，可让人赏心悦目，获得一份清净，于身心健康十分有利。

　　有人说："生活使我闷闷不乐，它让我度过平淡的人生。"其实不是这样，生活中的乐趣完全是由自己去打造的。喜欢水墨丹青的朋友们，不妨让自己静下来画一幅画吧！

♡ 慢下来，在悠扬乐声中抚慰心灵

听一曲音乐，让浮躁的心回归平静

音乐是一种听觉艺术，是一种人类共有的语言。它来源于生活，为我们的情感服务。科学研究证明：听适合的音乐，可以优化人的性格，平稳人的情绪，提高人的修养品位。

听音乐是一种心情，不同的心情听不同的乐曲。当心情不好或闲着无事的时候，一个人静静听音乐，那种幽静与迷情的感觉像把心带离了这喧嚣的尘世，置身于大自然的怀抱里，感受云淡风轻，闭上眼睛，隐藏在内心深处的情感在音符的排列中，如清澈的溪流般缓和而安静地淌过，一种淡淡的感动随之而来，浮躁的心渐渐回归平静。

圣人孔子就非常爱听音乐，他自称是"三月不知肉味"。烦恼时听听音乐，能重新燃起生活的热情，唤起人们对美好生活的回忆和憧憬，使人心绪趋于平静，心情得到改善，精神受到陶冶。

听一曲音乐，愉悦身心延年益寿

音乐还有养生保健、延年益寿的神奇功效。

医学专家通过大量的研究证明，人类需要通过音乐来抒发自己的感情，并从中受益。音乐可以调节人体大脑皮层的生理机能。提高体内生物的活性，调节血液循环和活化神经细胞。另外，音乐会使人体的胃蠕动更有规律，能够促进肌体新陈代谢，增强抗病能力。

在医学上有一个著名的"莫扎特效应"：当你听一曲莫扎特之后，你的大脑活力将会增强，思维更敏捷，运动更有效，它甚至可缓解癫痫病等神经障碍患者的病情。6年前，研究者证明，在IQ测试中，听莫扎特的受试者得分比其他人更高。

1975年，美国音乐界的知名人士金太尔夫人因乳腺癌缠身，身体状况每况愈下，濒临死亡的边缘。这时候，金太尔夫人的父亲不顾年迈体弱，天天坚持用钢琴为爱女弹奏乐曲。或许是充满爱心的旋律感动了上苍，两年之后奇迹出现了，金太尔夫人胜利地战胜了乳腺癌。

康复后，她热情似火地投身于音乐疗法的活动，出任美国某癌症治疗中心音乐治疗队主任。金太尔夫人弹奏吉他，自谱、自奏、自唱，引吭高歌，帮助癌症病人振奋精神，与绝症进行顽强的拼搏。

德国科学家马泰松致力于音乐疗法几十年，在对爱好音乐的家庭进行调查后注意到，常常聆听舒缓音乐的家庭成员，大都举止文雅，性情温柔；与低沉古典音乐特别有缘的家庭成员，相互之间能够做到和睦谦让，彬彬有礼；对浪漫音乐特别钟情的家庭成员，性格表现为思想活跃，热情开朗。他由此得出结论说："旋律具有主要的意义，并且是音乐完美的最高峰。音乐之所以能给人以艺术的享受，并有益于健康，正是因为音乐有动人的旋律。

音乐是起源于自然界中的声音，人与自然息息相关，所以音乐对人的精神、脏腑必然会产生相应的影响。音乐主要是通过乐曲本身的节奏、旋律，其次是速度、音量、音调等的不同而产生疗效的各异。

在进行音乐治疗时，应根据病情诊断，在辩证配曲的原则下，选择适当的乐曲组成音疗处方。

奔波劳碌的你，不妨在工作之余、茶余饭后，戴上耳机，听一曲柔美舒缓的音乐，让身心在悠美动听的节奏中彻底放松。

♡ 慢下来，在游山玩水中放逐自己

走进大自然，来一场心灵的洗礼

生活中人们为名利而奔忙，虽是弄得身心疲惫，却往往不知道自己真正追求的是什么。不妨利用假日走进大自然，当你登临高山、对视大河，面对大自然的美景时，才会顿悟，返朴归真才是自己真正的追求目标，生命中许多追求并非真的有必要，也不是自己真正想要的东西。

大自然是一无字的书，深入到自然中，游山玩水，看幽谷清泉、奇石怪草、或醉卧草地，或赋诗山间，其中有不尽的乐趣，能让人忘记生活中的种种争斗与心机。在忙碌的生活中，适时在游山玩水中放逐自己，给心灵一个反思、放松的机会，该是多么美好啊！

生活中不顺之事十之八九，此时不妨去登山，或是河边坐一坐。置身大山中，走在绿树成荫的山间小路上，望着那大自然造就的奇石怪状，听着叮咚的泉水声，以及那清脆的鸟鸣声，让人感到如同置身世外桃源，心中的种种不快，也随着那缭绕的云雾慢慢散去。漫步海滨，一望无垠的大海，波涛汹涌的海面，让人顿生几分豪气。通过旅游，既可以领略祖国的秀美山川，又可以遍访历史的足迹，缅怀古人，既放松了心情，又让自己的心灵受到洗礼。

徜徉大自然，洗涤身心的烦累

大自然的魅力在于它巨大的生命力。越是原始的地方，我们越是感觉到生命力的强大。大自然的神奇，可以让人真切体会到生命的渺小和珍贵；大自然的美丽，可以让人体会到人生的美好。所以，生活中当你感到烦闷时，不妨背起行囊，一个人独自去游山玩水，到大自然中放逐自己。

经过长时间的紧张工作，我们在旅游中变换兴奋点，放松，释放疲劳，从而能够以旺盛的精力重新投入工作。给自己一段假期，放松自己于山水中。让山水的灵性，涤荡尽自己工作上、情绪上、思想上的烦累！

置身大自然，迈步山水间，任我心自由自在地驰骋，让人在物我两忘的意境中，将天地万物置于空灵之中。这是何等快意、何等无拘无束的心境啊！罗素曾经说过："我们的生命是大地生命的一部分，就像所有动植物一样，我们也从大地上吸取营养。"当你走进大自然，投入它那宽广的胸怀时，大自然的一草一木似乎都有灵性，都会抚慰你受伤的心灵。望着山中那历经苍桑的松柏，以及那经历了千百年风吹雨打的岩石，你会重新豪情万丈，平添许多与困难作斗争的勇气。

幸福的生活需要用心去发现，到游山玩水中放逐自己吧，放逐那束缚已久的心灵，让大自然洗涤心中的不快。换一种环境，大自然献给你的将是一片灿烂和希望。